ZEITSCHRIFT FÜR MIKROELEKTRONIK · COMPUTERTECHNIK · INFORMATIK

MP Mikroprozessortechnik

Heft 7 · 1988

VEB Verlag Technik Berlin

ISSN 0233-2892

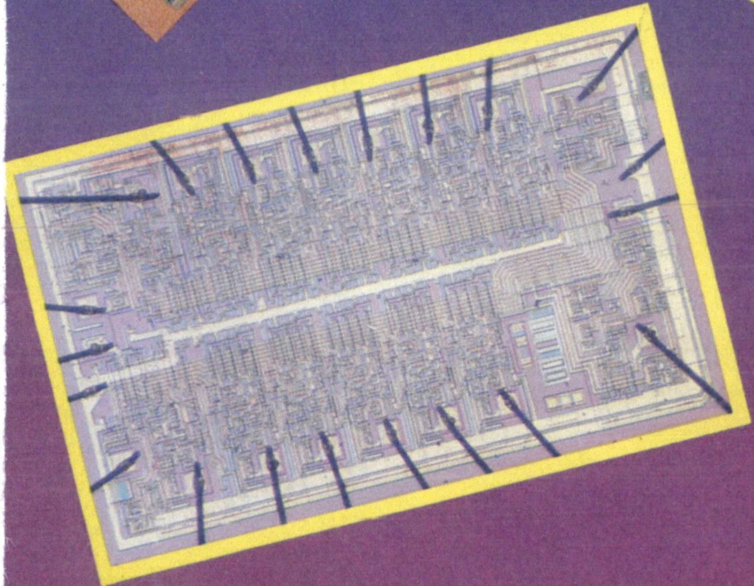

LFM '88

Steuereinheit für Festplattenspeicher

Erfahrungen mit einem lokalen Netz

1

2

Bilder von der Leipziger Frühjahrsmesse 1988

3

4

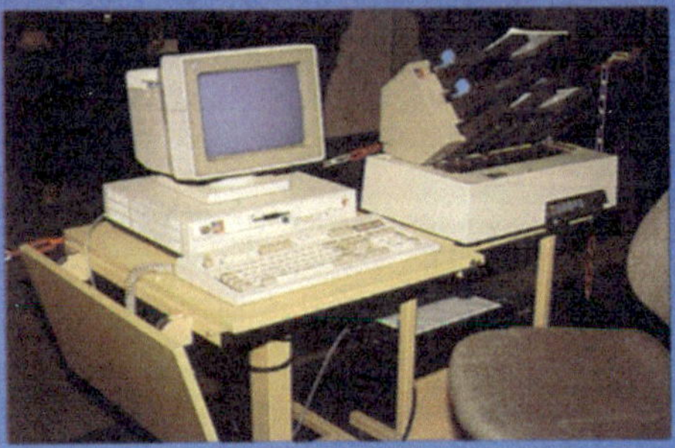
5

6

7

8

Lesen Sie dazu unseren Bericht in diesem Heft

9

10

Zeitschrift für Mikroelektronik · Computertechnik · Informatik
2. Jahrgang · ISSN 0232–2892

Mikroprozessortechnik, Heft 7 · 88

Herausgeber Kammer der Technik, Fachverband Elektrotechnik

Verlag VEB Verlag Technik, Oranienburger Str. 13/14, DDR – 1020 Berlin; Telegrammadresse: Technikverlag Berlin; Telefon: 28700, Telex: 011 2228 techn dd

Verlagsdirektor Klaus Hieronimus

Redaktion Hans Weiß, Verantwortlicher Redakteur (Tel. 2870371); Herbert Hemke, Redakteur (Tel. 2870203); Sekretariat Tel. 2870381

Gestaltung Christina Bauer

Titelfotos Hans-Joachim Pischeli (1), Hans Weiß (3)

Beirat Dr. Ludwig Claßen, Dr. Heinz Florin, Prof. Dr. sc. Rolf Giesecke, Joachim Hahne, Prof. Dr. sc. Dieter Hammer, Dr. sc. Thomas Horn, Prof. Dr. Albert Jugel, Prof. Dr. Bernd Junghans, Dr. Dietmar Keller, Prof. Dr. sc. Gernot Meyer, Prof. Dr. sc. Bernd-Georg Münzer, Prof. Dr. sc. Peter Neubert, Prof. Dr. sc. Rudolf Arthur Pose, Prof. Dr. sc. Michael Roth (Vorsitzender), Dr. Gerhard Schulze, Prof. Dr. sc. Manfred Seifart, Dr. Dieter Simon, Dr. Rolf Wätzig, Prof. Dr. sc. Jürgen Zaremba

Lizenz-Nr. 1710 des Presseamtes beim Vorsitzenden des Ministerrates der Deutschen Demokratischen Republik

Gesamtherstellung Druckerei Märkische Volksstimme Potsdam

Redaktionsschluß: 16. Mai 1988

AN (EDV) 49837

Erscheinungsweise monatlich 1 Heft

Heftpreis 5,– M, Abonnementspreis vierteljährlich 15,– M; Auslandspreise sind den Zeitschriftenkatalogen des Außenhandelsbetriebes BUCHEXPORT zu entnehmen.

Bezugsmöglichkeiten
DDR: sämtliche Postämter; *SVR Albanien:* Direktorije Quendrore e Perhapjes dhe Propaganditit te Librit Rruga Konference e Pezes, Tirana; *VR Bulgarien:* Direkzia R.E.P., 11a, Rue Paris, Sofia; *VR China:* China National Publications Import and Export Corporation, West Europe Department, P.O. Box 88, Beijing; *ČSSR:* PNS – Ustřední Expedicia a Dovoz Tisku Praha, Slezská 11, 120 00 Praha 2, PNS, Ústredna Expedicia a Dovoz Tlače, Pošta 022, 885 47 Bratislava; *SFR Jugoslawien:* Jugoslovenska Knjiga, Terazija 27, Beograd; Izdavačko Knjižarsko Produzeće MLADOST, Ilica 30, Zagreb; *Koreanische DVR:* CHULPANMUL Korea Publications Export & Import Corporation, Pyongyang; *Republik Kuba:* Empresa de Comercio Exterior de Publicaciones, O'Reilly No. 407, Ciudad Habana; *VR Polen:* C.K.P.i.W. Ruch, Towarowa 28, 00-958 Warszawa; *SR Rumänien:* D.E.P. Bucureşti, Piaţa Scînteii, Bucureşti; *UdSSR:* Sämtliche Abteilungen von Sojuzpečat' oder Postämter und Postkontore; *Ungarische VR:* P.K.H.I., Külföldi Elöfizetési Osztály, P.O. Box 16, 1426 Budapest; *SR Vietnam:* XUNHASABA, 32, Hai Ba Trung, Hà Nôi; *BRD und Berlin (West):* ESKABE Kommissions-Grossobuchhandlung, Postfach 36, 8222 Ruhpolding/Obb.; Helios-Literatur-Vertriebs-GmbH, Eichborndamm 141–167, Berlin (West) 52; Kunst und Wissen Erich Bieber OHG, Postfach 46, 7000 Stuttgart 1; Gebrüder Petermann, BUCH + ZEITUNG INTERNATIONAL, Kurfürstenstraße 111, Berlin (West) 30; *Österreich:* Helios-Literatur-Vertriebs-GmbH & Co. KG, Industriestraße B 13, 2345 Brunn am Gebirge; *Schweiz:* Verlagsauslieferung Wissenschaft der Freihofer AG, Weinbergstr. 109, 8033 Zürich; *Alle anderen Länder:* örtlicher Fachbuchhandel; BUCHEXPORT Volkseigener Außenhandelsbetrieb der Deutschen Demokratischen Republik, Postfach 160, DDR – 7010 Leipzig und Leipzig Book Service, Talstraße 29, DDR – 7010 Leipzig

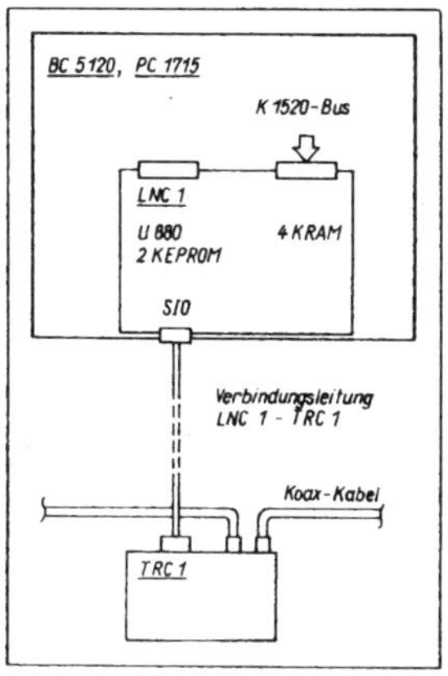

Seite 199

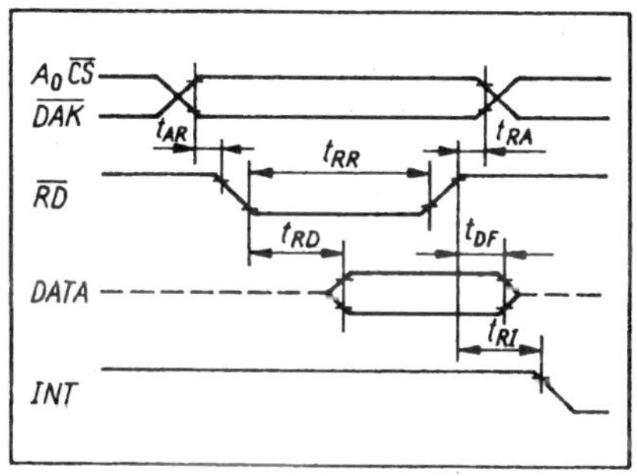

Seite 200

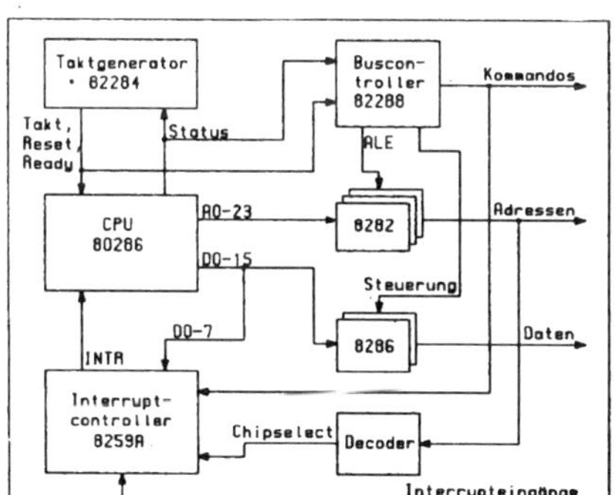

Seite 205

Leipziger Frühjahrsmesse 1988

Seite 223

Inhalt

Neuer Robotron-Computer für Ausbildung und Freizeit

◄ 1 ▲ 2 *Fotos: Hemke*

Am 12. Mai dieses Jahres erlebten die Besucher eines Experimentalvortrages im deutschen Hygienemuseum eine Computerpremiere besonderer Art. Die URANIA und der VEB Robotron-Meßelektronik „Otto Schön" Dresden beschritten einen begrüßenswerten Weg bei der Vorstellung eines neuen Produktes. Den Zuschauern im vollbesetzten Steinsaal wurde der Bildungscomputer BIC A 5105 präsentiert. Über einen Schwarzweiß- und sechs Farbmonitore konnten die Zuschauer die Handlungen des Vorführenden am Computer verfolgen.

Der Computer (Bild 1) besteht aus drei Hauptbaugruppen: dem Computergrundgerät (Tastatur mit Computer; Bild 2), der Diskettenspeichereinheit und dem Monitor. Dieser Computer, dessen Entwicklung in diesem Jahr abgeschlossen wird, steht ab 1. September 1989 für die Ausbildung in Oberschulen, Berufs-, Spezial- und Ingenieurschulen zur Verfügung. Die Entwicklung des Computers erfolgt entsprechend den Forderungen unseres Bildungswesens, und die Produktionskapazität wird bedarfsdekkend für die genannten Bildungseinrichtungen vorbereitet. Nachdem der Bedarf des Bildungswesens gedeckt ist, soll eine abgerüstete Variante des Bildungscomputers, bestehend aus dem Computergrundgerät (Bild 2) und einem Beistellnetzteil in demselben Design, als Heimcomputer über den Einzelhandel angeboten werden.

Nach einem Einführungsvortrag vom Betriebsdirektor des VEB Robotron-Meßelektronik, Prof. Jugel, der sehr offen über alle technischen Details sowie die überwundenen und noch zu meisternden Schwierigkeiten sprach, wurde der Computer in allen technischen Parametern von Dr. Keller, Dr. Kleinmichel und Herrn Schreiber vorgestellt und vorgeführt. Danach beantworteten sie ausführlich Fragen aus dem Publikum. Hier ein paar technische Daten: Der Rechner arbeitet mit einer CPU UA 880 D und einem Videocontroller U82720 D. Er besitzt 64 KByte ROM-Speicher, 64 KByte Anwender-RAM sowie 64 K × 16 Bit Video-RAM. Der Anwenderspeicher wird auf maximal 1 MByte aufrüstbar sein. Als Monitore können 31-cm-Schwarzweißmonitore, wie der in Bild 2 gezeigte PC-1715-Monitor, 42-cm-Farbmonitore, wie z. B. der HCM 38-1 vom VEB Werk für Fernsehelektronik, sowie Farb- und Schwarzweißfernseher über RGB-, Video- und HF-Eingang angeschlossen werden. Mit einem Farbmonitor können z. B. 3 Bilder mit 640 × 200 Bildpunkten in 4 aus 16 Farben oder mit 320 × 200 Bildpunkten in 16 Farben dargestellt werden. Je nach Betriebssystem ist die Darstellung von 40 oder 80 Zeichen pro Bildschirmzeile in 16 Vorder- und 18 Hintergrundfarben möglich. Es können Töne auf 3 Kanälen mit 8 Oktaven erzeugt werden. Anschließbar sind über Centronics- bzw. V.24-Schnittstellen Drucker und Plotter. Der Rechner ist netzfähig (z. B. ROLANET 1) und erlaubt den Anschluß von 2 weiteren Diskettenlaufwerken (1.6), einem Kassettengerät, einer Maus sowie zwei Spielhebeln. Es existieren ein Schacht für KC-87-Module und ein Busanschluß. Als Betriebssysteme werden SCPX (vollkompatibel zum PC 1715) und das ROM-residente RBASIC (kompatibel mit BASI 1834) geliefert.

MP

Dritte neue Chipfabrik entsteht im Südosten Erfurts

1,5 Millionen hochintegrierte Speicherschaltkreise eines neuen Typs werden die 8500 Beschäftigten des VEB Mikroelektronik „Karl Marx" Erfurt in diesem Jahr zusätzlich für die Volkswirtschaft bereitstellen. Der 64-KBit-Speicher, der bei gleicher Fläche die vierfache Kapazität gegenüber seinem Vorgänger hat, ist unter anderem für Robotron-Computer und Automatisierungstechnik bestimmt. Insgesamt wird die Produktion unipolarer Schaltkreise in diesem Jahr im Stammbetrieb des Kombinates Mikroelektronik Erfurt auf 180 Prozent im Vergleich zu 1987 steigen. Über diese anspruchsvollen Vorhaben wurde Anfang April auf einer Parteiaktivtagung in der Thüringer Bezirksstadt informiert. Gemeinsam mit Gerhard Müller, Kandidat des Politbüros des ZK und 1. Sekretär der Bezirksleitung Erfurt der SED, berieten Vertreter aller am Aufbau des modernen Mikroelektronikzentrums Erfurt Südost beteiligten Betriebe, wie ein weiterer hoher Leistungszuwachs erreicht werden kann. Die Initiativen der Mikroelektroniker und Bauleute zielen vor allem auf ein hohes Tempo beim weiteren Aufbau und der Inbetriebnahme neuer Kapazitäten für die Halbleitervorfertigung sowie eines modernen Forschungs- und Entwicklungszentrums der Mikroelektronik. So ist vorgesehen, die dritte Produktionsstätte für hochintegrierte Bauelemente im kommenden Jahr vorfristig zum Probebetrieb zu übergeben.

ADN

Gute Bilanz

Bis Ende März wurden in der DDR 13757 Büro-, Personal- und Arbeitsplatzcomputer produziert; das sind 4488 Geräte mehr als im gleichen Zeitraum des Vorjahres. Bei Speichern für die Computertechnik beträgt der Zuwachs 18202 Stück und bei Druckern für Computer 8741 Stück. Die Produktion von technologischen Spezialausrüstungen für die Herstellung aktiver Halbleiterbauelemente war um 25 Prozent, von Lichtleiterkabeln um 28 Prozent und von monolithisch-integrierten Schaltkreisen um 38 Prozent höher als im gleichen Zeitraum des Vorjahres. Bei Robotern beträgt der Zuwachs 860 Stück. Im März waren in der Volkswirtschaft 47500 CAD/CAM-Arbeitsstationen und -systeme im Einsatz.

ADN

Robotron-Ausstellung in Budapest

Personal- und Arbeitsplatzcomputer sowie Schreib- und Drucktechnik zeigte eine Ausstellung des Robotron-Kombinats Anfang April in Budapest. Außenhandelsexperten der UVR sowie Vertreter von Anwendungsbetrieben konnten sich auch mit einem Bildverarbeitungssystem sowie einem frei programmierbaren Industrieroboter bekannt machen, der in der Produktion von Leiterplatten eingesetzt werden kann. Als neues Erzeugnis der ESER-Reihe wurde der Personalcomputer EC 1834 zum Einsatz in autonomen Datenbanksystemen oder zur Verkettung lokalen Systemen vorgestellt.

Der stellvertretende Generaldirektor des Robotron-Kombinates, Dr. Hans Speidel, erklärte anläßlich der Eröffnung gegenüber der Presse, daß das DDR-Kombinat im Geiste der jüngsten Gespräche der Ministerpräsidenten beider Länder seine Direktbeziehungen zu ungarischen Betrieben vertiefen will, wobei eine Produktions- und Vertriebskooperation angestrebt werde. Robotron biete auch eine Produktionskooperation auf dem Gebiet der Schreibtechnik an. Als Beispiele für den Einsatz von DDR-Rechentechnik in Ungarn führte er unter anderem das Videoton-Unternehmen an.

ADN

Personalcomputer in der ČSSR

Bis zum Jahre 1990 sollen in der ČSSR 300000 bis 350000 Personalcomputer eingesetzt werden, erklärte der Minister für Elektronische Industrie der ČSSR, Milan Kubat. Die elektronische Industrie will rund 150000 Mikrorechner herstellen, annähernd dieselbe Anzahl soll in Betrieben anderer Industriezweige produziert werden.

Der Produktion elektronischer Bauelemente für die tschechoslowakische elektrotechnische Industrie wird im achten Planjahrfünft der Vorrang eingeräumt. Bis zum Jahre 1990 soll sie auf das 2,5fache gesteigert werden. Um die Nachfrage nach den Bauelementen zu befriedigen, werden sie zum Teil aus anderen sozialistischen Ländern importiert.

ADN

Neue sowjetische Computerzeitschrift

Vor allem für PC-Anwender erscheint in der Sowjetunion die neue Zeitschrift „PC World USSR" mit Beiträgen zur Entwicklung, Applikation und Nutzung von PCs. Auch Produktvorstellungen, Industrieinformationen und Hinweise zu Technologietrends soll die Publikation enthalten.

PC World USSR erscheint vorerst vierteljährlich in einer Auflage von 50000 Exemplaren im Verlag Radio i Svjaz'. Wie dessen Direktor E. N. Salnikow erklärte, wird so bald wie möglich ein monatliches Erscheinen angestrebt. Auch rechne er damit, daß die Auflage der Zeitschrift, die an Zeitungskiosken und in Buchläden verkauft werden soll, nicht annähernd den Bedarf decken werde. In der Sowjetunion gebe es zur Zeit zwar nur etwa 100000 PCs, deren notwendige Anzahl schätze man jedoch auf etwa 30 Millionen.

Basis für die Herausgabe der in russischer Sprache gedruckten Zeitschrift ist eine gemeinsame Publikationsvereinbarung zwischen Radio i Svjaz' und der amerikanischen IDG Communications Inc., die im April in Framingham, USA unterzeichnet wurde.

Ähnliche Vereinbarungen gibt es bereits zur Herausgabe von Computerzeitschriften in der Volksrepublik China und in der Ungarischen Volksrepublik.
Neben der Beteiligung mit Arbeitskapital an dem Vorhaben wird die IDG Communications Inc. zur Unterstützung der redaktionellen Arbeit ein Desktop Publishing System der Dell Computer Corp. zur Verfügung stellen.

aus Computerworld-Számitástechnika 11/1988

Winchesterlaufwerk aus Brno

An der Entwicklung eines Winchesterlaufwerkes wird bei k.p. Zbrojovka Brno gearbeitet. Ein Entwicklungsmuster wurde zum „Tag des Personalcomputers", der vom ČSSR-Ministerium für Elektroindustrie am 18. November 1987 im Prager Kulturpalast durchgeführt wurde, vorgestellt. Dieses Festplattenlaufwerk mit der Bezeichnung C 7150 soll für den XT-kompatiblen PP 06 ab 1990 produziert werden. Es besitzt eine Kapazität von 27,5 MByte (unformatiert) und beinhaltet 3 Festplatten mit insgesamt 6 Magnetköpfen. Die Übertragungsgeschwindigkeit beträgt 5 MBaud und die Zugriffszeit 112 ms. Es wiegt 2,8 kg bei einer Größe von 82,5 × 146 × 209 mm^3 und einer Leistungsaufnahme von 18 VA.

aus ELEKTRONIKA 3/88

Neues von Videoton

Im April veranstaltete in Berlin die Ungarische Wirtschaftskammer in Zusammenarbeit mit der Kammer für Außenhandel, der Kammer der Technik und der Interwerbung die „Tage der ungarischen Wirtschaft und Technik", in deren Verlauf ein umfangreiches Vortragsprogramm geboten wurde. Das Spektrum reichte von Informationen zum ungarischen Wirtschaftssystem und zur Plankoordinierung über den Maschinenbau, die Rechentechnik bis zur Landwirtschaft und Biotechnologie.
Ein Beitrag gab dabei einen tieferen Einblick in das Produktionsprofil der Videoton-Werke, die, 1938 gegründet, 1971 mit der Serienproduktion der ersten Computer auf Lizenzbasis begannen und derzeit 20000 Mitarbeiter beschäftigen. Videoton ist damit heute der größte Betrieb Ungarns zur Computerproduktion. Erläutert wurde im Überblick die gegenwärtige und zum Teil künftige rechentechnische Palette, wobei besonders die Vorführung des VT 32 als leistungsstarke CAD-Station erwähnt werden muß. Geheimnis blieb noch, daß es einige interessante Produkte zur Budapester Messe im Mai geben würde – zum Beispiel den neuen 32-Bit-PC VT 180. (Über diesen Computer und weitere Erzeugnisse werden wir Sie in einem Messebericht informieren.)
Mehr für Fachleute gedacht, aber auch für potentielle Kunden, war das traditionelle Symposium für Videoton-Anwender in Klingemühle Anfang Mai. Neben Fachvorträgen zu den neuesten peripheren Geräten, Anwendungsbeispielen der VT-20- und anderen Mikrorechnern bildete einen Schwerpunkt die Vernetzung der Videoton-Computer.
Von Interesse waren hier die Koppelmöglichkeiten der R-11-, VT-32- und beliebigen ESER-Rechner, vor allem aber das Videoton ARCNET zur Vernetzung von PCs unter MS-DOS mit 2,5 MBit/s über max. 6 km. Im ARCNET kann jede Station User oder Server sein, im letzteren Fall ist PC-AT-Leistungsklasse Voraussetzung. Gegenwärtig wird das Token-Passing-Prinzip angewendet, jedoch soll bis Ende des Jahres Ethernet mit 10 MBit/s – am VT 32 und R 11 bereits realisiert – auch für die PCs in zwei Varianten zur Verfügung stehen. *MP*

Software contra Computervirus

Ein „Impfstoff" zur Bekämpfung des sogenannten Computervirus ist von der Sectra (Secure Transmission AB), einer schwedischen Computerfirma in Linköping, entwickelt worden. Dieser, wie es heißt, erste kommerziell erhältliche Schutz vor Verseuchung durch Computerviren soll es auch erleichtern, bereits angesteckte Systeme zu rekonstruieren.
Computervirus ist der populäre Name für Programme, die in die Software von ahnungslosen Anwendern eingeschmuggelt werden, um die dort gespeicherten Daten zu zerstören, zu ändern oder vollständig zu löschen. Der Virus hat die Fähigkeit, sich selbst zu vermehren. Wenn das normale Programm läuft, beginnt sich der Virus automatisch in alle anderen Programme zu kopieren, mit denen er in Berührung kommt. In den meisten Fällen ist es so gut wie ausgeschlossen, das gesamte System zu entseuchen. Die einzige Möglichkeit besteht darin, es mit Hilfe von Masterkopien der ursprünglichen Daten von neuem aufzubauen.
Das TCELL genannte Softwarepaket von Sectra soll imstande sein, EDV-Systeme zu überwachen und Fehler in der elektronischen Sicherung jeder Datei zu entdecken. Es wird normalerweise als ein Prozeß im System installiert, kann aber auch als Wache dienen, die den Operator warnt, wenn eine kontaminierte Datei entdeckt wird. TCELL überwacht nicht alle Dateien gleichzeitig, weil das die Leistungsfähigkeit des gesamten Systems beeinträchtigen würde. Stattdessen werden mehrere Dateien zufällig herausgegriffen und ständig verfolgt, andere hingegen nur von Zeit zu Zeit. In der Standardversion ist es als Software-Paket für VAX/VMS und UNIX erhältlich, kann aber auch für alle anderen Systeme maßgeschneidert werden. *ADN*

Sprechender Schulrechner für blinde Schüler entwickelt

Einen sprechenden Taschenrechner, der für den Mathematikunterricht in den Spezialschulen für blinde Kinder vorgesehen ist, haben Studenten der Sektion Informationstechnik an der TU Dresden entwickelt. Er entstand in enger Zusammenarbeit mit dem Blinden- und Sehschwachenverband der DDR und stellt ein Spitzenerzeugnis dar. Seine Grundlage ist der Schulrechner SR 1, der eine akustische Ausgabe erhielt. Dabei haben die Mitglieder einer Arbeitsgruppe unter Leitung von Prof. Dr. Walter Tscheschner ein überaus kompliziertes Problem gelöst.
Der Rechner verfügt über einen Sprachsynthetisator. Seine Mikroelektronik vollzieht das nach, was der menschliche Kehlkopf vermag. Er erzeugt Schwingungen, die in ihrer Gesamtheit verständliche Laute ergeben. Kernstück dieser Neuentwicklung eines sprechenden Rechners ist ein Sprachsynthesemodul. Es wurde von zwei Studenten im Rahmen ihrer Diplomarbeit entwickelt. Die Steuerung des Synthesemoduls und seine Ankopplung an den SR 1 übernimmt ein Einchipmikrorechner. In übertragenem Sinne erhielt dadurch der „Kehlkopf" eine Verbindung zum „Hirn", die ihm sagt, was es dann sprachlich zu formulieren hat. Die Kompliziertheit der Aufgabe bestand vor allem darin, mittels technischer Hilfsmittel der menschlichen Stimme das abzulauschen, was der Rechner akustisch wiedergeben soll. Zu diesem Zweck mußten die Frequenzspektren der einzelnen menschlichen Laute analysiert und für ihre Wiedergabe technische Baugruppen geschaffen werden. Sie vermögen Frequenzgemische zu erzeugen, die über einen Rausch- oder Impulsgenerator zunächst Ursignale ergeben. Diese Signale gelangen in ein System von Filtern, die dann die jeweiligen Laute synthetisieren, sie zusammensetzen. Die gesamte Sprachsynthese wird durch eine Leiterplatte bewirkt. Einer weiteren, die ebenfalls ausschließlich aus elektronischen Bauelementen der DDR-Halbleiterindustrie besteht, obliegt die Steuerung des netzbetriebenen Rechners. Über einen in ihm angeordneten Miniaturlautsprecher hört der blinde Schüler, welche Aufgabe er dem Rechner eingegeben hat. Ziffernweise sagt ihm eine erstaunlich natürlich klingende männliche Stimme auch das Rechenergebnis an.
Rechner mit phonetischer Ausgabe sind international schon seit einigen Jahren bekannt. Sie gelten aber als wenig praktikable Lösungen für Blinde. Die nun vorliegende Entwicklung aus Dresden wird den Erfordernissen des Mathematikunterrichtes in den Spezialschulen für Blinde gerecht. Der Entwicklung liegen langjährige wissenschaftliche Erfahrungen zugrunde, die an der Sektion Informationstechnik der TU Dresden auf dem Gebiet der Sprachsynthese gewonnen worden sind. Vorbereitungen zur Aufnahme der Produktion des Rechners wurden inzwischen eingeleitet. *ADN*

Grafik-Computer aus Kuba

Der erste Grafik-Computer Kubas ist am zentralen Institut für Digitalforschung (ICID) Havanna entwickelt worden. Gemeinsam mit sowjetischen Spezialisten werden jetzt Programme für verschiedene Anwendungsbereiche erarbeitet. Die technischen Parameter des als CID 7060 bezeichneten Computers sollen internationalen Standards entsprechen.

Dialog

Zum Artikel „Programmieren der Funktionstasten des PC 1715 in BASIC" in MP 3/88, S. 94

Der Beitrag bedarf folgender Ergänzung:
Vom VEB Robotron-Büromaschinenwerk „Ernst Thälmann" Sömmerda wird das sehr leistungsfähige Software-Paket KEYINST [1], [2] vertrieben, das eine Umcodierung aller Tasten der Tastatur ermöglicht. Dabei entfällt der Umweg über BASIC, und das von KEYINST erzeugte Umcodierungsfile, *.KEY ist von der Betriebssystem-Ebene aufrufbar.

B. Sydoruk

Literatur

[1] KEYINST Tasteninstallation, Anwendungsbeschreibung und Bedienungsanleitung. VEB Büromaschinenwerk „Ernst Thälmann" Sömmerda, 1986

[2] Softwareangebot für PC 1715. VEB Büromaschinenwerk „Ernst Thälmann" Sömmerda, 1987

Zum Artikel „Ausdrucken von Bildschirminhalten beim PC 1715 unter SCP" in MP 3/88, S. 95

Herr Dagobert Mühlhaus stellte in seinem Beitrag eine Hardcopy-Routine für den PC 1715 vor, die aus jedem BASIC-Programm unter SCP aufgerufen werden kann. Dabei legte er folgende Formel zugrunde:
„POSITION=63488+80*(Zeile-1)+Spalte".
Die dezimale Adresse 63488 enthält das erste Byte des Bildwiederholspeichers. Bei der Formel geht Herr Mühlhaus bei der Numerierung der Zeilen davon aus, daß die erste Zeile mit „1" beziffert wird, die erste Spalte aber mit „0". Da letzteres von ihm selbst nicht beachtet wurde, ist die Endadresse des Bildwiederholspeichers falsch gewählt und führt zum Ausdrucken einer nicht existierenden 25. Zeile. Die Endadresse muß richtig lauten: 65407.

D. Gralla

Steuereinheit für Festplattenspeicher

Bernd Däne, Dr. Wolfgang Fengler, Elke Thomä
Technische Hochschule Ilmenau, Sektion Technische und Biomedizinische Kybernetik

Der folgende Beitrag befaßt sich mit einem konkreten Mikroprozessor-Steuerungsproblem. Er ist aber methodisch verallgemeinerungsfähig als ein Beispiel für den Mikroprozessor-Geräteentwurf. Zugleich stellt der Festplattenspeicher ein zukunftsorientiertes, allgemein anwendbares Massenspeichermedium dar.

Einleitung

Gegenwärtig sind Magnetplattenspeicher ein wichtiges externes Speichermedium für Mikrorechnersysteme.
Festplattenspeicher (FPS; englisch: harddisk) erreichen bei Plattendurchmessern von 3¹/₂, 5¹/₄, 8 oder 14 Zoll Speicherkapazitäten von 10 bis 800 MByte, mittlere Positionierzeiten von 10 bis 100 ms und Transferraten von 4 bis 10 Mbit/s.
Die gegenwärtig weit verbreiteten Winchesterspeicher sind FPS, die durch folgende Besonderheiten gekennzeichnet sind:

– Die Schreib/Leseköpfe liegen beim Anlaufen und Anhalten auf der Plattenoberfläche auf.
– Bei Verwendung eines bestimmten Plattenmaterials fliegen die Köpfe bei Erreichen der Arbeitsgeschwindigkeit in einem Abstand von 0,35 bis 1 μm über der Plattenoberfläche.

Damit entfällt gegenüber früheren Systemen der Vorgang des Hebens und des Senkens der Köpfe sowie die dafür notwendige Mechanik. Der geringe Abstand zwischen Kopf und Platte ermöglicht eine hohe Aufzeichnungsdichte. Allerdings sind Magnetplatten mit einwandfreier Oberfläche und eine staubfreie Umgebung notwendig.

Dipl.-Ing. **Elke Thomä** studierte von 1972 bis 1976 an der Sektion Technische und Biomedizinische Kybernetik der TH Ilmenau und arbeitete anschließend als Assistent an dieser Einrichtung. Während dieser Zeit und der darauffolgenden Tätigkeit im VEB Robotron-Elektronik Zella-Mehlis arbeitete sie auf dem Gebiet der Steuerungstechnik und der Anwendung von Mikrorechnern. Seit 1987 ist sie als Ingenieur für Lehre und Forschung im Bereich Computertechnik der TH Ilmenau tätig.
Dipl.-Ing. **Bernd Däne** studierte von 1981 bis 1986 an der Sektion Technische und Biomedizinische Kybernetik der TH Ilmenau. Anschließend begann er eine Tätigkeit als wissenschaftlicher Assistent im Bereich Computertechnik dieser Sektion. Er bearbeitet Aufgabenstellungen zur Anwendung von Mikrorechnern.
Dr.-Ing. **Wolfgang Fengler** s. MP 1 (1987) 2, S. 38

Steuereinheit
Anforderungen

Zum Betrieb von FPS ist eine Steuereinheit erforderlich. Diese hat die Aufgabe, den FPS mit dem Mikrorechner zu verbinden, die Daten zu übertragen und die Anpassung der verschiedenen Datenformate vorzunehmen. Als Schnittstelle zum Mikrorechner dient im allgemeinen der Systembus, über den Daten-, Adreß- und Steuersignale parallel übertragen werden. Gemäß der seriellen Aufzeichnung auf der Magnetplatte erfolgt die Datenübertragung an der Schnittstelle bitseriell. Daraus ergibt sich als Hauptaufgabe der Steuereinheit die Serien-Parallel- bzw. Parallel-Serienwandlung der Daten.

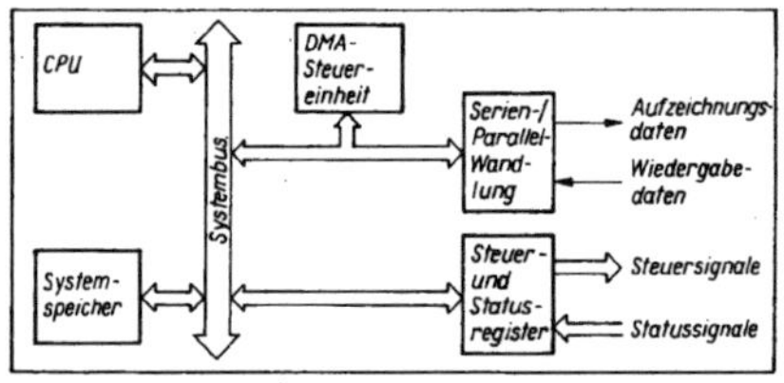

Bild 2 Steuereinheit mit DMA-Baustein

Schnittstellen zwischen Speichergerät und Steuereinheit

Bild 1 zeigt den prinzipiellen Aufbau einer Steuereinheit für FPS. Da der Ausstattungsgrad der FPS mit Ansteuerelektronik unterschiedlich ist, existieren auch unterschiedliche standardisierte Schnittstellen.
ST 506 ist das Standardinterface für Mini- und Mikrolaufwerke (3¹/₂ und 5¹/₄ Zoll). Aus den MFM-Daten (Modifizierte Frequenz-Modulation) müssen in der Steuereinheit beim Lesen durch eine Datenseparierung der serielle Datenstrom und der dazugehörige Takt zurückgewonnen werden.
Die Datenübertragungsgeschwindigkeit beträgt einheitlich 5 Mbit/s. Die Positionierung des Schreib-/Lesekopfes über die gewünschte Spur wird mit einer relativen Positioniersteuerung ausgeführt, d. h. bei jedem Impuls wird ein Schritt nach innen oder außen ausgeführt. Die Sektoren haben eine variable Länge. Der Sektoranfang wird mit einer Adreßmarke (flußwechselfreier Abschnitt) auf der Platte gekennzeichnet (Softsektorierung). **ESDI** (Enhanced Small Disk Interface) ist ein neuer Standard für kleine FPS. Die Daten werden nicht mehr im MFM-Format, sondern im NRZ-Code (No Return to Zero) geliefert.
Das **SMD**-Interface (Standard Module Drive) wird bei 8- und 14-Zoll-Geräten verwendet. Die Datenübertragungsgeschwindigkeit beträgt hier 4 bis 8 Mbit/s. Die Daten werden im NRZ-Code übertragen. Zur Positionierung des Schreib-/Lesekopfes wird dem FPS eine komplette Spuradresse übermittelt. Die Positionierung über die gewünschte Spur erfolgt dann selbsttätig. Der Standard läßt sowohl Hardsektorierung als auch Softsektorierung zu.
Das **SCSI**-Interface (Small Computer Systems Interface) wird eingesetzt, wenn die gesamte Ansteuerelektronik im FPS untergebracht werden kann. Damit wird der zusätzliche Hardwareaufwand im Mikrorechnersystem minimal.

Innere Struktur

Eine einfache Struktur für eine Ansteuereinheit ist in Bild 2 dargestellt. Mit Hilfe eines DMA-Bausteines wird der Datentransfer mit dem Systemspeicher abgewickelt. Da jedes gelesene Datenbyte sofort in den Systemspeicher gebracht werden muß (und umgekehrt), ergeben sich aus der Datenübertragungsrate des FPS hohe Zeitanforderungen an den Systembus. Die CPU muß den DMA-Baustein für jeden Such- und Übertragungsvorgang initialisieren und starten. Weiterhin ist die CPU durch die zahlreichen Steuervorgänge und Statusabfragen stark belastet. Deshalb ist diese bei Floppy-Disk-Steuerungen verbreitete Struktur zur Realisierung von Ansteuerschaltungen für FPS schlecht geeignet.
In der Regel wird in FPS-Steuereinheiten zur Entlastung des Systembusses ein Pufferspeicher verwendet, der mindestens einen Sektor zwischenspeichern kann. Zur Entlastung der System-CPU ist die Steuereinheit meist mit einer eigenen CPU ausgerüstet, die alle Initialisierungen, Steuervorgänge und Statusabfragen übernimmt. In Bild 3 ist eine solche FPS-Steuereinheit mit einem E/A-Prozessor dargestellt. Der E/A-Prozessor hat DMA-Fähigkeiten, mit deren Hilfe er den Datentransfer vom und zum Speicher abwickelt. Er übernimmt auch die Steuerung des FPS. Der übergeordnete Rechner übergibt lediglich „höhere" Kommandos wie

- Spur suchen
- Spur formatieren
- Datenblock schreiben
- Datenblock lesen.

Die Datenblöcke werden nicht der Reihe nach in aufeinanderfolgenden Sektoren abgelegt, sondern in verschachtelter Anordnung (vgl. Bild 5). Bei einer 5er-Verschachte-

Bild 1 Standardschnittstellen für Festplattenspeicher /3/

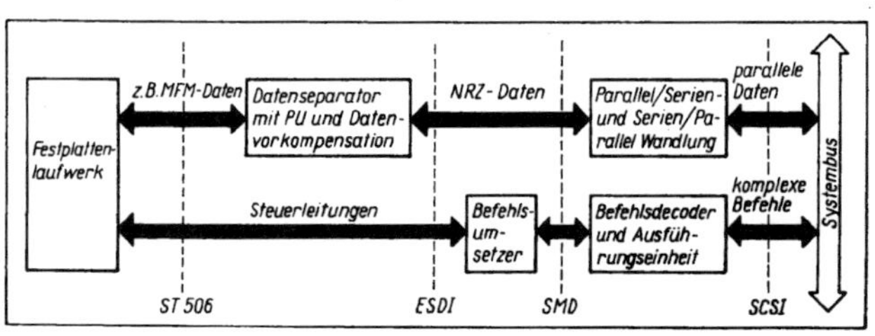

Bild 3 Steuereinheit mit E/A-Prozessor /2/

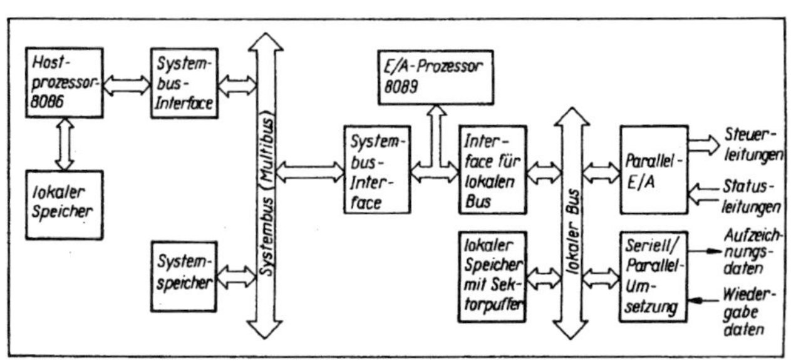

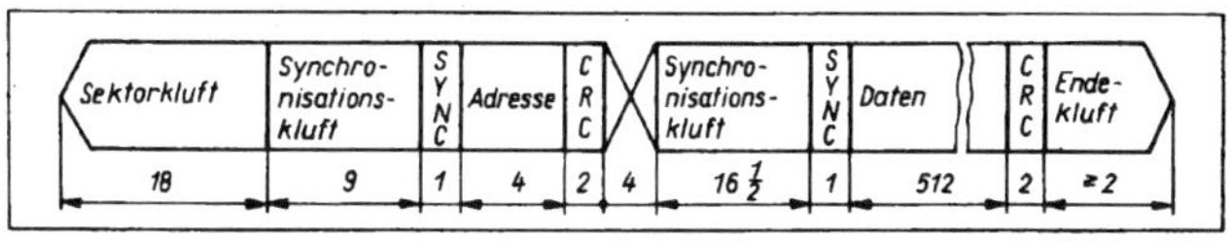

Bild 4 Sektorformat (Längenangaben in Byte)

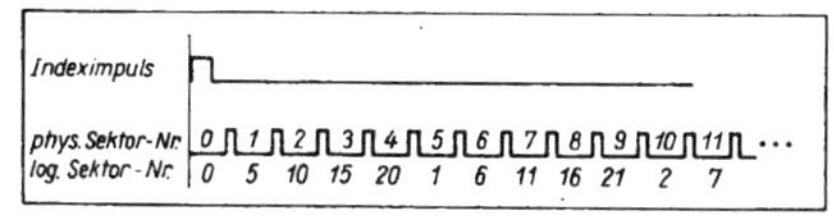

Bild 5 Verschachtelung der Sektoren

lung beispielsweise liegen zwischen zwei logisch aufeinanderfolgenden Sektoren vier andere Sektoren. Werden die Sektoren in ihrer logischen Reihenfolge angesprochen, so entsteht nach jeder Übertragung eine Pause, die für den Datentransfer zwischen Sektorpuffer und Systemspeicher genutzt werden kann. Deshalb müssen keine erhöhten Zeitanforderungen an den Systembus gestellt werden. Außerdem sind aufgrund der Pufferung der Daten Wiederholungen von Schreib- und Lesezugriffen sowie Fehlererkennungs- und Korrekturmaßnahmen ohne Beteiligung des übergeordneten Rechners möglich.

Steuereinheit für Festplattenspeicher mit SMD-Interface

Sektorformat

Die vorgestellte Steuereinheit unterstützt das Prinzip der Festsektorierung und realisiert ein Sektorformat mit 512 Datenbytes pro Sektor (Bild 4).
Das Adreßfeld ermöglicht eine Identifikation des Sektors. Ein vor dem Adreß- und dem Datenfeld eingefügtes Synchronisationsbyte („SYNC") ermöglicht der Steuereinheit beim Lesen einen definierten Start der Serien-Parallel-Wandlung. Mit Hilfe der CRC-Bytes wird die korrekte Übertragung des Adreß- bzw. Datenfeldes überprüft.
Die Sektoren sind entsprechend einer 5er Verschachtelung numeriert (Bild 5).

Funktionsübersicht

Die Steuereinheit führt in Zusammenarbeit mit dem FPS die in Tafel 1 aufgeführten elementaren Funktionen aus. Es handelt sich dabei um Steuerfunktionen für die Bedienung des FPS sowie um elementare Schreib- und Lesevorgänge. Ein Teil davon ist nur für Inbetriebnahme- und Testzwecke von Bedeutung.
Zur Ausführung von komplexen Kommandos werden durch die Software Ablauffolgen aus diesen Funktionen gebildet.

Beschreibung der einzelnen Funktionsgruppen

Die beschriebene Steuereinheit realisiert eine Struktur mit Pufferspeicher und eigener CPU (Bild 6). Sie besteht aus vier Modulen im K-1520-Format.
Die **Mikrorechnereinheit** stellt eine Konfiguration auf Basis der Schaltkreisfamilie UB 880 (für Übertragungsraten bis 5 Mbit/s) bzw. UA 880 (für Übertragungsraten bis 8 Mbit/s) dar.
Die CPU organisiert den Datentransfer zwischen FPS und Zweitorspeicher gemäß den vom übergeordneten System im Zweitorspeicher übergebenen Befehlen. Der Einsatz von zwei DMA-Schaltkreisen macht sich wegen der hohen Geschwindigkeitsanforderungen erforderlich.
Der statische RAM (1 KByte) dient als Arbeitsspeicher und als Puffer für die Daten, die vom bzw. zum Plattenspeicher übertragen werden sollen.
Ein CTC-Schaltkreis U 857 unterstützt die Ablaufsteuerung in der Datenwandlereinheit.

Tafel 1 Elementare Funktionen der Steuereinheit

Steuerfunktionen

Initialisieren: Herstellen des Grundzustandes von Steuereinheit und Plattenspeicher
Speicher Ein/Aus: physisches Ein- und Ausschalten des Plattenspeichers
Auswählen Gerät: logische Freigabe eines angeschlossenen Plattenspeichers
Geräteregister Löschen: Löschen des Fehlerregisters im Plattenspeicher (Quittieren einer Fehlermeldung)
Nullstellen: Positionieren der Köpfe auf Zylinder Null
Positionieren: Positionieren auf den adressierten Zylinder, Einschalten des adressierten Kopfes
Offset-Positionieren: geringfügiges Verschieben des Kopfes aus der Spurmitte und/oder Verschiebung des Datenübernahmeimpulses

Aufzeichnungs- und Wiedergabefunktionen

Wiedergabe Daten: Lesen des Datenfeldes eines Sektors
Aufzeichnen Daten: Schreiben des Datenfeldes eines Sektors
Aufzeichnungskontrolle: Lesen des Datenfeldes eines soeben geschriebenen Sektors
Wiedergabe Adresse: Lesen eines Adreßfeldes der positionierten Spur
Wiedergabe Sektor: Lesen eines kompletten Sektors mit Adreß- und Datenfeld sowie Klüften
Aufzeichnen Adressen: Formatieren einer Spur

Der **Zweitorspeicher**, der wahlweise mit U 256 oder U 2164 (jeweils 8 Stück) bestückt werden kann, dient als Bindeglied zum Systembus des übergeordneten Rechnersystems.
Der Refresh für den dynamischen RAM wird wahlweise durch die CPU oder durch einen DMA der Steuereinheit durchgeführt /6/, /7/.
Der beidseitige Zugriff zum Zweitorspeicher wird durch eine Zugriffslogik gesteuert.
In der **Datenwandlereinheit** sind mehrere Funktionsgruppen realisiert.
Die *Zeitgeber- und Steuerlogik* erzeugt in Verbindung mit dem CTC-Schaltkreis der Mikrorechnereinheit eine Reihe von Signalen mit programmierbarem Zeitverlauf für die Steuerung der Übertragungsvorgänge.
Die *Taktaufbereitung* stellt alle für die Steuereinheit erforderlichen Takte bereit und realisiert deren Umschaltung.

Die *Ready-Steuerung* steuert die Busübernahme der DMA-Bausteine und paßt deren Übertragungsgeschwindigkeit an die Datenrate des FPS an.
Der *Parallel-Serien-Wandler* formt den byteparallelen Datenstrom des Mikrorechners in einen seriellen Datenstrom um und umgekehrt.
Mit dem *Digitalkomparator* wird der Sektoradreßvergleich realisiert. Bei der Suche nach einem bestimmten Sektor werden die einzelnen Bytes der gesuchten Sektoradresse nacheinander im Schreibpuffer bereitgestellt, während die gelesenen Adreßbytes nach der Serien-Parallel-Wandlung in den Vergleichspuffer gelangen. Bei Übereinstimmung aller Adreßbytes wird die Datenübertragung ausgelöst.
Der *SYNC-Vergleicher* sucht beim Lesen im seriellen Datenstrom das Synchronisationszeichen, das einen definierten Start der Serien-Parallel-Wandlung ermöglicht.
Die *CRC-Logik* enthält ein rückgekoppeltes Schieberegister, welches nach der SDLC-Vorschrift für jeden Datenblock zwei Kontrollbytes berechnet. Diese werden beim Schreiben automatisch an den Datenblock angefügt. Beim Lesen erfolgt eine Vergleichsberechnung, die über die Richtigkeit der gelesenen Daten Aufschluß gibt.
Die **Interfaceeinheit** realisiert den Anschluß des FPS an die Steuereinheit. Die Verbindung zum FPS erfolgt über zwei Interfacekabel. Aufgrund der hohen Übertragungsgeschwindigkeit und der notwendigen Störsicherheit sind alle Leitungen angepaßt und symmetrisch getrieben. Die rechnerseitige Ankopplung erfolgt über Treiberbausteine und über einen PIO-Schaltkreis.

Softwarebeschreibung

• Schnittstelle zum übergeordneten Rechner

Die Software besteht aus verschiedenen Moduln in drei Hierarchieebenen (vgl. Bild 7).
Die obere Ebene, der „Kommandointerpreter", organisiert den Dialog mit dem übergeordneten Rechner (ÜR). Der Ablauf des Dialogs wird mit Hilfe von Synchronisationszellen geregelt.

Bild 6 Blockschaltbild für eine Steuereinheit mit eigener CPU auf U 880-Basis

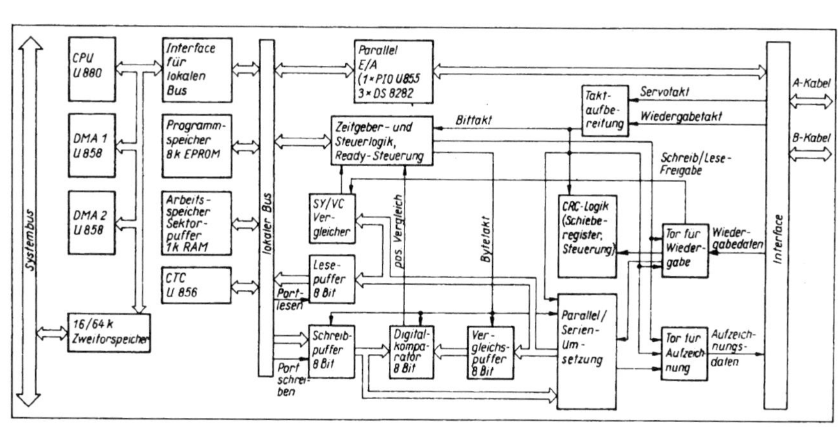

im Kommandoregister übergibt der ÜR seine Kommandos an die Steuereinheit. Im Datenübergabebereich werden die Datenblöcke (je 512 Byte) übergeben.

Im Statusregister übergibt die Steuereinheit Statusmeldungen, die dem ÜR die Beendigung der Kommandoausführung und eventuell aufgetretene Fehler anzeigen.

An der Schnittstelle zum ÜR existieren virtuelle Blocknummern, die alle existierenden Sektoren fortlaufend numerieren, ohne auf die Spureinteilung Rücksicht zu nehmen.

- **Aufgaben des Kommandointerpreters**

Der Kommandointerpreter realisiert den Dialog mit dem ÜR und die Ausführung von dessen Kommandos auf der Grundlage der in Tafel 1 aufgeführten elementaren Funktionen. Die dabei verwirklichten Funktionsabläufe können relativ komplex sein, so daß eine spürbare Entlastung des ÜR eintritt.

Die Arbeit des Kommandointerpreters ist durch folgende Funktionsmerkmale gekennzeichnet:

- Zwischenspeicherung einer größeren Anzahl von Datenblöcken im Zweitorspeicher für den Fall einer nochmaligen Verwendung
- Führen eines Inhaltsverzeichnisses über diesen Bereich
- Verwirklichen einer sinnvollen Strategie für die Auswahl der zwischenzuspeichernden Datenblöcke
- komfortable Fehlerbehandlung: Eine vom Elementarniveau empfangene Fehlermeldung wird erst dann weitergegeben, wenn wiederholte Versuche zur Fehlerbeseitigung (mit entsprechenden Steuerkommandos) erfolglos blieben.
- Verwirklichung einer zeitoptimierten Strategie beim Schreiben von Datenblöcken, wobei während des Schreibens bereits weitere Kommandos übernommen werden können und beim Schreiben vorgemerkter Blöcke eine bezüglich der Positionierungszeiten optimale Reihenfolge gewählt wird.

Bei Bedarf ist auch ein direkter Zugriff zu den Funktionen des Elementarniveaus möglich. Dabei entfallen alle geschwindigkeitssteigernden Maßnahmen.

Es existieren auch Kommandos für Testzwecke, wie z. B. die Wiedergabe von Adreßfeldern und kompletten Sektoren, sowie verschiedene komplexe Kommandos, die sich mit dem Überprüfen, Formatieren und Füllen der Sektoren auf einer, mehreren oder allen Spuren befassen.

Bild 7
Softwarestruktur der Steuereinheit

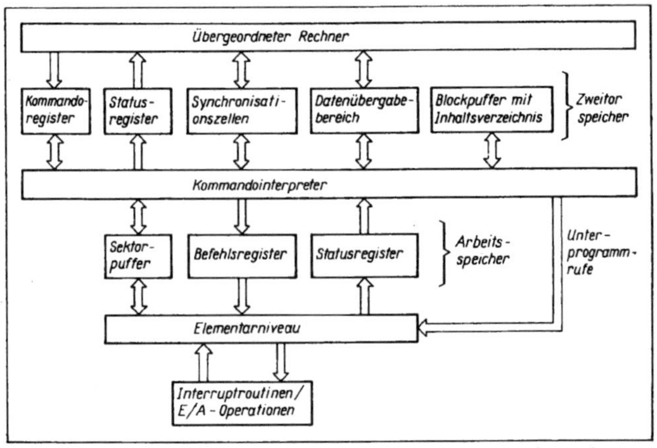

- **Aufgaben des Elementarniveaus**

Im Programmsegment „Elementarniveau" wird die Ausführung der elementaren Laufwerksfunktionen organisiert. Die Aktivierung der einzelnen Kommandos erfolgt im Kommandointerpreter durch Aufruf eines entsprechenden Unterprogramms des Elementarniveaus.

Die Parameter und Daten befinden sich im Arbeitsspeicher. Nach Abschluß der Kommandoausführung werden eine Fertigmeldung und Informationen über eventuell aufgetretene Fehler an den Kommandointerpreter übergeben (vgl. Bild 7).

Die Aktivitäten des Elementarniveaus sind zum großen Teil als Interruptroutinen organisiert, wobei die Interrupts aus dem Zeitregime des FPS abgeleitet werden. Im Hintergrund dieser Interruptroutinen kann der Kommandointerpreter bereits weiterarbeiten.

Schlußbemerkungen

Die beschriebene Ansteuereinheit wurde auf 4 Leiterplatten im K-1520-Format realisiert. Zur Zeit wird sie am K-1520-Bus zusammen mit einem FPS vom Typ K 5501.03 getestet. Eine Anpassung an das Bussystem des MMS 16 (I-41-Bus /8/, /9/) und Einbindungen in vorhandene Betriebssysteme sind in Vorbereitung.

Literatur

/1/ Thurn, K.: Steuerung von Magnetplattenlaufwerken. Elektronik (1983) 4, S. 49

/2/ Hofer, R.: Ein/Ausgabeprozessor als Controller für Winchester-Plattenlaufwerk. Elektronik (1983) 19, S. 85

/3/ Zeltwanger, H.: Chipsätze zur Ansteuerung von Winchesterlaufwerken. Elektronik (1985) 21, S. 81

/4/ Weiss, R.: Winchestertechnik: Massenspeicher mit Zukunft. Elektronik (1983) 19, S. 75

/5/ Lichtenauer, G.: Entwurf und Realisierung einer Festplattenansteuerung für ein Mikrorechnersystem. Diplomarbeit, TH Ilmenau, 1985

/6/ Thomä, E.; Fengler, W.; Däne, B. u. a.: Schaltungsanordnung zur Regenerierung dynamischer Halbleiterspeicher. WP G 06 F / 296 117 6

/7/ Däne, B.; Thomä, E.; Fengler, W. u. a.: Verfahren zur Regeneriersteuerung von dynamischen Zweitorspeichern. WP G 06 F / 301 729 2

/8/ I-41-Standard auf Grundlage des Normativmaterials der mehrseitigen Regierungskommission für die Zusammenarbeit auf dem Gebiet der Rechentechnik der sozialistischen Länder (Oktober 1984)

/9/ Mikrocomputer-Baugruppensystem AMS, Systemübersicht 1987, Firmenschrift Siemens

✉ KONTAKT ☏

Technische Hochschule Ilmenau,
Sektion Technische und Biomedizinische Kybernetik,
Bereich Computertechnik, PSF 327, Ilmenau, 6300;
Tel. 74 843 (Thomä)

Kleines Lexikon der Mikrorechentechnik

Wie sich künstlerische Freizeitbeschäftigung auf spezielle Art mit dem Beruf verbinden kann, zeigt die hiermit beginnende kleine Karikaturserie von Jens-Helge Dahmen. Das „Kleine Lexikon der Mikrorechentechnik" entstand in Auseinandersetzung mit seinem Beruf als wissenschaftlicher Mitarbeiter der Akademie der Wissenschaften der DDR, Institut für Informatik und Rechentechnik. Die Karikaturen von Jens-Helge Dahmen sind nur ein Teil seines bildnerischen Volksschaffens. So erweckte er schon 1986/87 mit Materialcollagen, die in verschiedenen Zeitschriften veröffentlicht wurden, die Aufmerksamkeit der Leser. In der „Gruppe Rot" des Studios „Otto Nagel" in Berlin widmet er sich der Malerei und Grafik. Besonderen Anklang bei den Mitarbeitern der Akademie der Wissenschaften der DDR findet eine jährlich im Rahmen der Kreis-MMM der Akademie der Wissenschaften der DDR stattfindende kollektive Ausstellung von Volkskunstschaffenden des Instituts für Informatik und Rechentechnik, deren Mitinitiator Jens-Helge Dahmen ist.

Befehlszähler ▲

◀ ***Arithmetisch logische Einheit***

Erfahrungen mit einem lokalen Netz

Dr. Kurt Grubba,
Hans-Martin Adler
Akademie der Wissenschaften der DDR, Zentrum für wissenschaftlichen Gerätebau

Einleitung

Lokale Netze (LAN), die den Verbund rechentechnischer Einrichtungen innerhalb eines Verantwortungsbereiches zum Ziel haben, gewinnen immer mehr an Bedeutung /1/.
Vom Kombinat Robotron werden gegenwärtig die ROLANET-1-Baugruppen

- Local Network Controller (LNC 1) und
- Transceiver (TRC 1)

in die Produktion überführt. Diese Hardwarekomponenten sind zum Aufbau lokaler Netze mit Büro-, Personal- und Arbeitsplatzcomputern vorgesehen /2/. Mit Entwicklungsmustern sowie den Arbeitsversionen der zugehörigen Softwarekomponenten SCPNET und NETSERV wurden auf dem Gelände Berlin-Adlershof der AdW der DDR zwei experimentell-produktive Netze für 18 Stationen mit PC 1715 und BC 5120 im Institut für Informatik und Rechentechnik (IIR) und für 30 PC 1715 im Zentrum für wissenschaftlichen Gerätebau (ZWG) aufgebaut.

Gerätetechnische Ausführung

Mit ROLANET 1 steht ein System für die Konfiguration von lokalen Netzen mittlerer Leistungsfähigkeit zur Verfügung (Tafel 1). Im Vergleich zum internationalen Stand ist die Übertragungsrate im unteren Teil des Leistungsangebotes angesiedelt. Sie ist durch die gewählte Bauelementebasis des U 880-Systems bedingt, kann aber für die vorgesehenen Kommunikationsanforderungen (Dialog, Filetransfer) als ausreichend angesehen werden. Die Baugruppe LNC 1 (im K-1520-Format) wurde beim BC 5120 als zusätzliche Steckeinheit untergebracht, beim PC 1715 anstelle der optionalen Interfaceanschlußsteuerung eingesetzt, wobei die Verbindung zur internen Schnittstelle X1 über ein Adapterkabel erfolgte. Elektrische Veränderungen sind bei den BC/PC nicht erforderlich, so daß die Aufrüstung schnell und problemlos ausführbar ist.
Der Transceiver TRC 1 wird in das Koaxialkabel eingefügt und über eine mindestens 10polige Leitung mit dem LNC 1 verbunden (Bild 1). Benutzt wurden ein vorhandenes Koaxialkabel 50–7–2 und eine Fernmeldeplastleitung.

Einsatzvorbereitung

Bei der Projektierung der Netze wurde davon ausgegangen, vorhandene Kabelkanäle und -trassen für Fernmeldeleitungen mitzunutzen. Dadurch ergaben sich zwar größere Kabellängen (IIR: 1 km, ZWG: 0,7 km), aber aufwendige Schacht- und Maurerarbeiten entfielen weitgehend.
Um Flexibilität gegenüber Strukturveränderungen der Arbeitsplätze zu gewährleisten, wurden die Standorte der Transceiver so gewählt, daß ein flexibler Anschluß der möglichen Arbeitsplätze erreicht werden kann.
Parallel zum Aufbau des Netzes im ZWG wurde ein Organisationsprojekt erarbeitet. Es enthält u. a. die Aufgabengebiete (Tafel 2) und Festlegungen, welche Teilnehmer dabei als Sender, Sender und Empfänger oder nur als Empfänger fungieren. Für die Pflege zentraler Datenbestände wie Artikelstammdateien ist eine ständige Aktualisierung festgelegt.
Eine Analyse des derzeitigen Informationsflusses im ZWG zeigte, daß die durchschnittliche Ergiebigkeit der Informationsquellen für die innerbetriebliche Kommunikation zwischen 2 und 110 Normseiten (2000 Zeichen/Seite) je Tag und Struktureinheit liegt. Bezogen auf die 30 PC des ZWG wird der gesamte Informationsfluß auf 10 MByte je Tag geschätzt. Die max. Nettoübertragungsrate von ROLANET 1 liegt bei 500 MByte/Schicht, so daß selbst bei den zu erwartenden steigenden Kommunikationsanforderungen statistisch betrachtet zusätzliche Zeitverzögerungen durch Überlastung unwahrscheinlich sind.

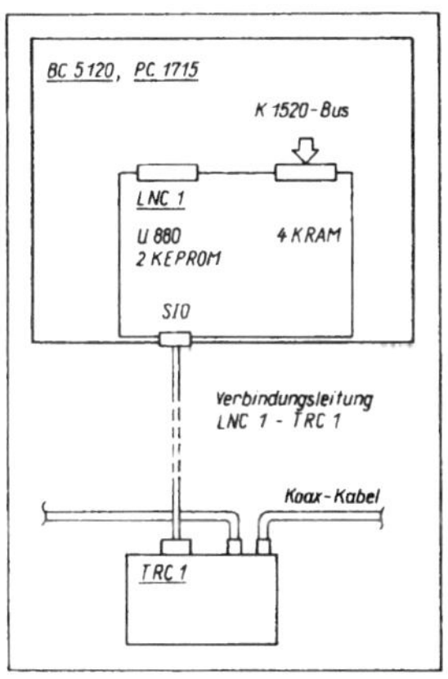

Bild 1 Einordnung der ROLANET 1-Baugruppen

Tafel 1 Einordnung von ROLANET 1 (halbfett) in international übliche Merkmale von PC-Netzen

Übertragungsmedien:	*verdrillte Cu-Leitung,* ***Koaxialkabel****, LWL-Kabel*
Topologie:	*Stern,* ***Bus****, Ring*
Übertragungsrate:	*0,01 ...* ***0,5*** *... 10 MBit/s*
Zugriffsverfahren:	*Polling,* ***CSMA/CD****, Token*
Übertragungsverfahren:	***Basisband****, Breitband*
Netzlänge:	*0,5 ...* ***1*** *... 3 km*
Teilnehmer:	*32 ...* ***100*** *... 255*

Tafel 2 Aufgabengebiete für das ZWG-Netz

1. *Bürokommunikation (Routinenachrichten)*
2. *Leitungsinformationssystem*
   * *Terminkontrolle*
   * *Planungskennziffern*
   * *Haushaltsabrechnung*
3. *Wissenschaftlich-technische Informationsfonds*
   * *Datenbasen zum wissenschaftlichen Gerätebau*
   * *Neuererwesen, Nachnutzungen*
   * *Standards*
   * *Literatur*
4. *Technische Vorbereitung der Fertigung*
   * *Datenbasen für Tevo*
   * *Materialwirtschaft*
   * *Fertigungsaufträge*
   * *Operative Fertigungsplanung*

Anwenderlösung für die Bürokommunikation

Am IIR wurden auf der Basis von ROLANET 1 erste Anwendungslösungen für die Bürokommunikation erprobt und für den experimentellen LAN-Betrieb folgende Möglichkeiten genutzt:

– Bedienerkommunikation
– Virtuelles Diskettensystem (Filedienst).

Die Bedienerkommunikation gestattet im LAN die Übermittlung von kurzen Mitteilungen, Rundsprüchen und Anfragen direkt auf die Bildschirme der angeschlossenen Stationen.
Mit dem *Virtuellen Diskettensystem* können durch die Teilnehmer des LAN entfernte Dateien für die Verarbeitung genutzt werden. Eine Station (A 5120) wurde als Dateiserver ausgewählt. Die an dieser Station verfügbaren 3 Diskettenlaufwerke sind für den Austausch von Dateien vorgesehen (Bild 2).
Für die Nutzung des Virtuellen Diskettensystems für die Bürokommunikation wurden Kommunikations- und Anwendungsdateien eingeführt.
Kommunikationsdateien sind Dateien, die von der LAN-Station *Sender* zum Dateiserver übertragen werden und dort von den LAN-Stationen *Empfänger* gelesen werden können.
Der Empfänger ist für die Übernahme und damit für das Löschen der Datei verantwortlich. Eine Sonderform der Kommunikationsdateien sind entsprechend gekennzeichnete Rundschreiben, die nur vom Sender gelöscht werden dürfen.
Anwendungsdateien sind Dateien, die auf dem Dateiserver bereitgestellt werden und

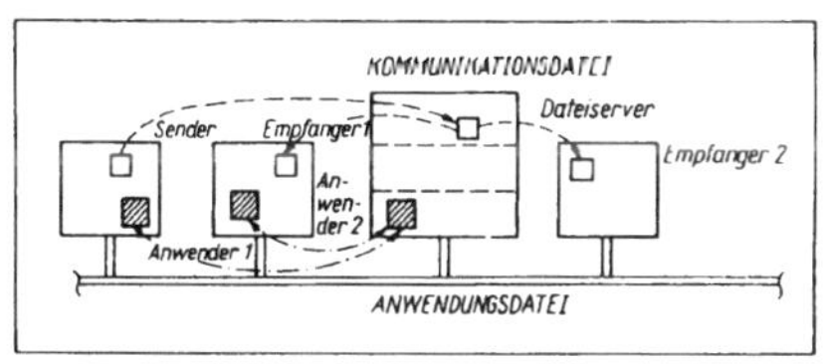

Bild 2 Arbeitsweise mit dem virtuellen Diskettensystem

dort allen LAN-Stationen zur Verfügung stehen. Der Sender ist verantwortlich für die Pflege dieser Dateien. Als Anwendungsdateien wurden durch REDABAS nutzbare Datenbankfiles auf dem Dateiserver bereitgestellt. Diese Files können von jeder Station aus mit Hilfe des lokal verfügbaren Datenbankbetriebssystems für Abfragen genutzt werden.
Die Pflege der Files ist zentral geregelt. Darüber hinaus wurden als Anwendungsdateien auch Textdateien bereitgestellt. Diese Dateien enthalten oft im Institut benötigte Texte, wie Vertragsrahmen, Anweisungen, Auszeichnungsformulare u. ä.
Auf der Grundlage dieser Dateitypen wurden Festlegungen getroffen, über den Dateinamen und den Dateityp eine eindeutige Kennzeichnung von Sender und Empfänger zu erreichen.
Die Nutzung des virtuellen Diskettensystems erfolgt für diese Kommunikationsformen ausschließlich mit Hilfe des Textprozessors TP. Dadurch wurde erreicht, daß die Nutzer dieser Anwendungsformen, die Sekretärinnen und Sachbearbeiter, keine neuen, LAN-spezifischen Handlungen ausführen müssen.

Fortsetzung auf S. 200

Der Floppy-Disk-Controller U 8272 D und sein Einsatz (Teil 2)

Dr. Eberhard Böhl
VEB Forschungszentrum Mikroelektronik Dresden

Beschreibung der Befehle

Der U 8272 kann 15 verschiedene Befehle ausführen, von denen jeder aus 3 Phasen besteht:

Befehlsphase:
Eingabe mehrerer Bytes Informationen zur genauen Spezifizierung eines Befehls

Ausführungsphase:
Durchführung der angewiesenen Operationen

Ergebnisphase:
Übermittlung von Status- und Adreßfeldinformationen, die über die ordnungsgemäße Abarbeitung des Befehls Auskunft geben.

In der Befehls- und Ergebnisphase muß vor jedem Schreiben bzw. Lesen eines Bytes das Statusregister gelesen werden. In der Ausführungsphase ist das nicht erforderlich. Bei Lese- und Schreibbefehlen wird im Nicht-DMA-Modus über das INT-Signal und im DMA-Modus über das DRQ-Signal die Bereitschaft zum Datenaustausch signalisiert. Sobald der Datenaustausch erfolgt ist bzw. die DMA-Bestätigung ($\overline{DAK} = 0$) aktiv wird, werden die Anforderungssignale zurückgesetzt. Nach Abarbeitung aller Daten im DMA-Modus wird mit dem TC-Signal ein INT-Signal gebildet, das den Beginn der Ergebnisphase signalisiert. Dieses INT-Signal wird zurückgesetzt, sobald das erste Datenbyte der Ergebnisphase gelesen wurde. Es ist unbedingt erforderlich, alle Datenbytes in der Ergebnisphase zu lesen, da der U 8272 vorher keinen neuen Befehl akzeptiert. Die als ST0, ST1, ST2 bzw. ST3 ausgewiesenen Statusregister sind nur in der Ergebnisphase verfügbar und nur, wenn dies in der Befehlsspezifikation angegeben wird. Im Gegensatz zum Hauptstatusregister, das immer gelesen werden kann, sind die Statusregister in der Ergebnisphase wie Datenregister (mit $A_0 = 1$) zu lesen.
Nachdem alle Bytes zur Befehlsspezifikation in der Befehlsphase eingegeben wurden, beginnt automatisch die Ausführungsphase, die beendet wird, wenn das letzte Datenbyte übertragen wurde. Ein Schreib-/Lesebefehl kann in der Ausführungsphase durch Anlegen des TC-Signales abgebrochen werden. Nach dem Lesen aller Bytes der Ergebnisphase wird der Befehl abgeschlossen und der U 8272 ist bereit zur Eingabe eines neuen Befehls.

Befehlsspezifikation

Die 15 Befehle des U 8272 sind:

READ DATA (Daten lesen)
READ DELETED DATA (Lesen irgnorierter Daten)
WRITE DATA (Daten schreiben)
WRITE DELETED DATA (Schreiben ignorierter Daten)
READ A TRACK (Lesen einer Spur)
READ ID (Lesen des Identifikationsfeldes)
FORMAT A TRACK (Formatisieren einer Spur)
SCAN EQUAL (Testen auf Gleichheit)
SCAN LOW OR EQUAL (Testen auf kleiner oder gleich)
SCAN HIGH OR EQUAL (Testen auf größer oder gleich)
RECALIBRATE (Rücksetzen)
SENSE INTERRUPT STATUS (Abfragen des Interruptstatus)
SPECIFY (Wertzuweisung)
SENSE DRIVE STATUS (Abfragen des Laufwerkstatus)
SEEK (Suche).

Zur ordnungsgemäßen Durchführung eines solchen Befehls ist ein Informationstausch von mehreren Bytes zwischen der CPU und dem U 8272 erforderlich. Für einige Befehle ist der spezielle Ablauf in Tafel 3 bzw. Tafel 4 dargestellt. Die dabei benutzten Abkürzungen sind in Tafel 5 erläutert. In Tafel 6 werden die einzelnen Bits des Hauptstatusregisters erläutert, und in Tafel 7 sind die Statusregister erklärt, die nur in der Ergebnisphase eines Befehls verfügbar sind.

READ DATA

Wie in Tafel 3 gezeigt, ist die Eingabe von 9 Bytes in den U 8272 notwendig, um ihm die notwendige Information zur Ausführung eines Daten-Lese-Befehls zu übermitteln.
Zu Beginn der Ausführungsphase veranlaßt der U 8272 das Kopfladen (sofern der Kopf nicht schon geladen ist), und nach dem Abwarten mit der vorgeschriebenen Kopfladezeit (im SPECIFY-Befehl vorher festgelegt) beginnt das Lesen der ID-Adressmarken und ID-Felder. Sobald die im Befehl angegebene Sektornummer (R), gespeichert im ID-Register (IDR), mit der von der Diskette gelesenen Sektornummer übereinstimmt, gibt der U 8272 die Daten des Datenfeldes byteweise über den Datenbus aus. Im Nicht-DMA-Modus erzeugt der U 8272 bei jedem ausgabebereiten Datenbyte einen Interrupt (INT = 1), der in der vorgeschriebenen Zeit (bei MFM alle 13 μs) behandelt werden muß. Falls eine so schnelle Interrupt-Behandlung nicht möglich ist, kann auch durch Abfrage des Hauptstatusregisters (RQM) die Information erhalten werden, ob ein Datenbyte zu lesen ist. Im DMA-Modus wird das Signal DRQ anstatt INT aktiviert. Die Unterscheidung zwischen DMA-Modus und Nicht-DMA-Modus erfolgt im SPECIFY-Befehl durch das Bit ND (Non-DMA).
Ist die Leseoperation eines Sektors beendet, wird die Sektornummer um 1 erhöht, und die Daten des nächsten Sektors werden gelesen und ausgegeben (Multi-Sector-Read-Operation). Der Daten-Lese-Befehl wird durch Anlegen des Signals TC = 1 an den U 8272 beendet. Der U 8272 beendet damit sofort seine Datenausgabe zum Prozessor, liest aber noch die restlichen Daten des laufenden Sektors, um die CRC-Bytes zu prüfen.
Bei Angabe von MT = 1 im Befehlscode liest der U 8272 die Daten von beiden Seiten der Diskette (Multi-Track), beginnend von Seite 0. Es sind dabei nur die zwei Spuren des gleichen Zylinders durch diesen Befehl nacheinander lesbar.
Ist N = 0, so gibt DTL die Datenlänge an, die der U 8272 als einen Sektor behandeln soll (nur bei einfacher Datendichte). Ist DTL kleiner als 128, so werden nur entsprechend weniger Datenbytes auf den Bus zum Prozessor gegeben, obwohl der U 8272 alle Daten des Sektors liest und zur korrekten CRC-Berechnung verarbeitet. In Abhängigkeit von der Befehlsbedingung kann der U 8272 eine Mehrfachsektor-Leseoperation ausführen. Für

Tafel 3 Lesebefehl U 8272

READ DATA

Phase	R/W	D7	D6	D5	D4	D3	D2	D1	D0	Bem.
Befehl	W	MT	MFM	SK	0	0	1	1	0	Code
	|	X	X	X	X	X	HDS	DS1	DS0	
	|	———	———	———	C	———	———	———	———	
	|	———	———	———	H	———	———	———	———	Sektor-
	|	———	———	———	R	———	———	———	———	Adr.
	|				N					(ID)
	|	———	———	———	EOT	———	———	———	———	
	|	———	———	———	GPL	———	———	———	———	
	W	———	———	———	DTL	———	———	———	———	
Ausf.		.	.	.	.	.	.	.	.	Daten
Ergebnis	R	———	———	———	ST0	———	———	———	———	
	|	———	———	———	ST1	———	———	———	———	Status
	|	———	———	———	ST2	———	———	———	———	
	|	———	———	———	C	———	———	———	———	
	|	———	———	———	H	———	———	———	———	
	|	———	———	———	R	———	———	———	———	
	R				N					

Tafel 4 Befehle des U 8272

Phase	R/W	D7	D6	D5	D4	D3	D2	D1	D0	Bem.
	RECALIBRATE									
Bef.	W	0	0	0	0	0	1	1	1	
	W	0	0	0	0	0	0	DS1	DS0	
	SPECIFY									
Bef.	W	0	0	0	0	0	0	1	1	
	W	———	SRT	———	———	———	HUT	———	———	
	W	———	HLT	———	———	———	———	———	ND	
	SEEK									
Bef.	W	0	0	0	0	1	1	1	1	
	W	0	0	0	0	0	HDS	DS1	DS0	
	W	———	———	———	NCN	———	———	———	———	
	SENSE INTERRUPT STATUS									
Bef.	W	0	0	0	0	1	0	0	0	
Erg.	R	———	———	———	ST0	———	———	———	———	
	R	———	———	———	PCN	———	———	———	———	

Fortsetzung von S. 199

Literatur
/1/ Merkel, G.: Kommunikationstechnologien heute und morgen. Spektrum 18 (1987) 10, S. 20
/2/ Jack, N.: Symposium „Das lokale Rechnernetz ROLANET". NTB 31 (1987) 5, S. 139

✉ KONTAKT ☎

Zentrum für wissenschaftlichen Gerätebau der AdW der DDR, Rudower Chaussee 6, Berlin, 1199; Tel. 674 33 82 (Dr. Grubba)

Tafel 5 **Erläuterung der Befehlsmnemonik**

Symbol	Name	Beschreibung
C	Zylindernummer	ausgewählte Spur der Diskette (0 bis 76)
D7–D0	Datenbus	8-Bit-Datenbus
DTL	Datenlänge	wenn N = 0 ist, gibt DTL die Datenlänge/Sektor ≤ 128 Byte an (nur bei FM)
DS0, DS1	Laufwerksanwahl	ausgewählte Laufwerksnummer
EOT	Spurende	letzte Sektornummer eines Zylinders
GPL	Lückenlänge	Länge der Lücke 3 zwischen den Sektoren
H	Kopf	Kopfnummer 0 oder 1 entsprechend ID-Feld
HDS	Kopfauswahl	ausgewählte Kopfnummer (0 oder 1)
HLT	Kopfladezeit	programmierbar von 2 bis 254 ms
HUT	Kopfentladezeit	programmierbar von 16 bis 240 ms
MFM	FM oder MFM	FM bei MFM = 0, MFM bei MFM = 1
MT	Mehrfachspur	bei MT = 1 werden beide Spuren eines Zylinders bearbeitet
N	Zahl der Datenbytes pro Sektor	Wert = 128 Bytes $\cdot 2^N$
NCN	neue Zylindernummer	gewünschte Kopfposition
ND	Nicht-DMA-Modus	für Operation im Nicht-DMA-Modus: ND = 1
PCN	aktuelle Zylindernummer	aktuelle Kopfposition
R	Aufzeichnung	Sektornummer des zu bearbeitenden Sektors
R/W	Lesen/Schreiben	Lesesignal (R) bzw. Schreibsignal (W)
SK	Sprung	Überspringen ignorierter Daten
SRT	Schrittimpulsrate	programmierbar von 1 bis 16 ms
STO...3	Statusregister	Statusinformation nach Befehlsausführung (nur in Ergebnisphase verfügbar). Diese Statusinformation ist über den Datenpuffer zu lesen (mit $A_0 = 1$, wie ein Datenregister).
STP	Schritt	Während SCAN-Operation werden die Daten in mehreren Sektoren byteweise verglichen. Bei STP = 1 fortlaufend, bei STP = 2 jeder 2. Sektor

Tafel 6 **Erläuterung der Bits des Hauptstatusregisters**

Bit-Nr.	Name	Symbol	Beschreibung
D_0	FDD0 busy	D_0B	FDD-Nummer 0 ist im Such-Modus
D_1	FDD 1 busy	D_1B	FDD-Nummer 1 ist im Such-Modus
D_2	FDD 2 busy	D_2B	FDD-Nummer 2 ist im Such-Modus
D_3	FDD 3 busy	D_3B	FDD-Nummer 3 ist im Such-Modus
D_4	FDC busy	CB	Ausführung eines Lese- oder Schreibbefehls
D_5	Nicht-DMA-Modus	NDM	Der FDC arbeitet im Nicht-DMA-Modus. Dieses Bit wird nur während der Ausführungsphase in den Nicht-DMA-Modus gesetzt. Übergang zum 0-Zustand zeigt an, daß die Ausführungsphase beendet wurde.
D_6	Data Input/Output	DIO	Gibt die Richtung des Datentransfers zwischen dem FDC und dem Prozessor an: Falls DIO = 1: Daten vom Datenregister (FDC) zum Prozessor, falls DIO = 0: Daten vom Prozessor zum Datenregister des FDC.
D_7	Request for Master	RQM	Datenregister meldet Bereitschaft zum Datenaustausch (Senden und Empfangen von Daten zu oder vom Prozessor). Die Bits DIO und RQM sollten zur Realisierung des Handshake-Prinzips mit dem Prozessor benutzt werden (mit der Bedeutung als Bereitschafts- und Richtungssignal).

N = 0 hat DTL keine Bedeutung und sollte FF gesetzt werden. Nach Beendigung des Daten-Lese-Befehls bleibt der Kopf noch geladen, bis die Kopfentladezeit (HUT) verstrichen ist (im SPECIFY-Befehl festgelegt). Die unmittelbare Ausführung eines Schreib-Lese-Befehls vor Ablauf der Kopfentladezeit ist möglich und erspart ein erneutes Laden des Kopfes. Falls ein Befehl nicht ordentlich beendet werden kann, weil z. B. der U 8272 den richtigen Sektor nach zweimaligem Erkennen des Indexloches nicht gefunden hatte oder die CRC-Prüfung einen falschen Wert ergab, so werden im STO die Bits 7 und 6 auf 0 bzw. 1 gesetzt und außerdem in den anderen Statusregistern entsprechende Bits je nach Fehlerart gesetzt.

Nach der Beendigung eines Lese-Schreib-Befehls durch den Prozessor sendet der U 8272 in der Ergebnisphase das ID-Feld des nächstfolgenden Sektors (nach dem zuletzt ausgegebenen Sektor).

WRITE DATA

Auch beim Schreibbefehl sind zur Spezifikation 9 Datenbytes an den U 8272 zu übertragen. Dabei unterscheidet sich nur das erste Byte (der Befehlscode) von denen beim Befehl Datenlesen:

MT MFM 0 0 0 1 0 1 Befehlscode

Die 3 folgenden Bytes sind wie bei READ DATA (Tafel 3) anzufügen. Der Befehlsablauf ist äquivalent zu dem Lesebefehl, nur werden nach dem Lesen des Identifikationsfeldes bei Übereinstimmung der Sektornummer mit der vorgegebenen die Daten byteweise vom Prozessor übernommen und in das Datenfeld geschrieben. Ist ein Sektor vollständig mit Daten beschrieben, so wird die Sektornummer um 1 erhöht und der Schreibvorgang im nächsten Sektor fortgeführt. Dieser Schreibvorgang wird weitergeführt bis zum Vorliegen des Terminal-Count-Signals (TC = 1); in diesem Fall werden keine Daten vom Prozessor mehr angefordert. Falls ein Datenfeld zum Zeitpunkt TC = 1 noch nicht vollständig abgearbeitet war, so werden die restlichen Daten dieses Datenfeldes mit 00H aufgefüllt. Die Ergebnisphase ist wie bei READ DATA (Tafel 3).

WRITE DELETED DATA

Gleicht dem Befehl WRITE DATA, nur wird die normale Daten-Adreßmarke zu Beginn des Datenfeldes durch eine ignorierte Daten-Adreßmarke ersetzt. Der Befehlscode lautet:

MT MFM 0 0 1 0 0 1 Befehlscode;

anschließend sind die 8 Bytes wie bei READ DATA (Tafel 3) zu übertragen.

READ DELETED DATA

Wie READ DATA, nur falls (bei SK = 0) der U 8272 eine normale Daten-Adreßmarke zu Beginn eines Datenfeldes erkennt, liest er alle Daten des Sektors und bricht dann den Befehl mit einer Fehlermeldung (CM = 1 in ST2) ab. Bei SK = 1 überspringt der U 8272 den Sektor mit normaler Daten-Adreßmarke und liest den nächsten Sektor. Der Befehlscode lautet:

MT MFM SK 0 1 1 0 0 Befehlscode;

die restlichen 8 Bytes entsprechen denen von READ DATA (Tafel 3).

READ A TRACK

Unmittelbar nach dem Erkennen des Indexloches werden alle Daten einer Spur als fortlaufender Datenblock gelesen. Findet der U 8272 einen Fehler in den ID- oder Daten-CRC-Prüfbytes, so wird das Lesen fortgesetzt. Der U 8272 vergleicht die ID-Informationen, die aus jedem Sektor gelesen werden, mit den im IDR gespeicherten Informationen.

Falls keine Übereinstimmung vorliegt, wird das ND-Flag im Stausregister 1 auf 1 gesetzt. Mehrfachspur- und Sprungoperationen sind bei diesem Befehl nicht möglich. Der Befehl ist wie folgt einzugeben:

0 MFM SK 0 0 0 1 0 Befehlscode;

die restlichen 8 Bytes wie bei READ DATA (Tafel 3).

READ ID

Mit dem Befehl

0 MFM 0 0 1 0 1 0 Befehlscode

0 0 0 0 0 HDS DS1 DS0

überträgt der U 8272 die Werte des ersten lesbaren ID-Feldes in ein internes Register und gibt sie in der Ergebnisphase (wie bei READ DATA) an den Prozessor weiter.

FORMAT A TRACK

Mit dem Befehl

0	MFM	0	0	1	1	0	1
0	0	0	0	0	HDS	DS1	DS0
				N			
				SC			
				GPL			
				D			

wird eine Spur mit (N + 1) · 128 Byte pro Sektor, SC Sektoren, der Lückenlänge GPL und den Daten D beschrieben. Das ID-Feld eines jeden Sektors wird durch den Prozessor vorgegeben, indem in der Ausführungsphase des Befehls jeweils 4 Datenbytes für jeden Sektor abgefordert werden: C, H, R, N. Dadurch besteht die Möglichkeit, eine Diskette auch mit ungeordneter Reihenfolge der Sektornummern zu formatieren. In der Ergebnisphase (wie bei READ DATA) ergibt sich für R gegenüber dem eingegebenen Wert eine Erhöhung um 1, da der U 8272 weiterzählt.

SCAN-Befehle

SCAN EQUAL:

MT MFM SK 1 0 0 0 1 Befehlscode

SCAN LOW OR EQUAL:

MT MFM SK 1 1 0 0 1 Befehlscode

SCAN HIGH OR EQUAL:

MT MFM SK 1 1 1 0 1 Befehlscode

Für alle 3 Testbefehle sind nach dem Befehlscode die restlichen 8 Bytes wie bei READ DATA einzugeben. Dabei bedeutet das letzte Byte aber nicht DTL (die Datenlänge), sondern STP (Schrittweite). Bei STP = 1 wird jeder Sektor geprüft, bei STP = 2 jeder zweite, usw.

Der U 8272 vergleicht bei allen diesen Befehlen, ob die Bedingung

$D_{FDD} = D_{PROZESSOR}$, $D_{FDD} \leqq D_{PROZESSOR}$ bzw. $D_{FDD} \geqq D_{PROZESSOR}$

erfüllt ist. Dabei kann das Datenbyte FF vom Prozessor als Maske benutzt werden, das immer die Vergleichsbedingung erfüllt. Ist nach dem Vergleich eines gesamten Sektors

Tafel 7 Erläuterung der Statusregister

Nr.	Bit Name	Symbol	Beschreibung
STATUSREGISTER 0			
D_7 D_6	Interrupt Code	IC	$D_7 = 0$ und $D_6 = 0$ Normale Beendigung eines Befehls (Normal Termination – NT). Der Befehl wurde vollständig und exakt abgearbeitet.
			$D_7 = 0$ und $D_6 = 1$ Unnormale Beendigung eines Befehls (Abnormal Termination – AT). Die Ausführung eines Befehls wurde begonnen, aber nicht erfolgreich abgeschlossen.
			$D_7 = 1$ und $D_6 = 0$ Fehlerhafte Befehlsausgabe (Invalid Command Issue – IC). Der ausgesendete Befehl wurde nicht gestartet.
			$D_7 = 1$ und $D_6 = 1$ Unnormale Beendigung wegen Pegelwechsel auf der READY-Leitung vom FDD während der Befehlsausführung.
D_5	SEEK End	SE	Wenn der FDC den Suchbefehl abschließt, wird dieses Flag auf High (1) gesetzt.
D_4	Equipment Check	EC	Dieses Flag wird gesetzt, wenn vom FDD ein Fehlersignal empfangen wird (FAULT) oder wenn beim Rücksetzbefehl nach 77 Schrittimpulsen noch kein Spur-0-Signal gemeldet wurde.
D_3	Not Ready	NR	Dieses Flag wird gesetzt, wenn ein Lese- oder Schreibbefehl ausgesendet wurde und der FDD im Not-Ready-Zustand ist. Das Flag wird auch gesetzt, wenn ein Lese- oder Schreibbefehl für Seite 1 einer einseitigen Diskettenstation ausgesendet wurde.
D_2	Head Address	HD	Dieses Flag wird genutzt, um bei einem Interrupt die Nummer des Kopfes zu melden.
D_1	Drive Select 1	DS 1	Diese Flags werden genutzt, um bei einem Interrupt die Treibernummer auszugeben.
D_0	Drive Select 0	DS 0	
STATUSREGISTER 1			
D_7	End of Cylinder	EN	Dieses Flag wird gesetzt, wenn der FDC versucht, zu einem Sektor hinter dem letzten Sektor eines Zylinders zuzugreifen.
D_6			Nicht verwendet. Dieses Bit ist immer low (0).
D_5	Data Error	DE	Wenn der FDC einen CRC-Fehler im ID-Feld oder im Datenfeld findet, wird dieses Flag gesetzt.
D_4	Over Run	OR	Dieses Flag wird gesetzt, wenn der FDC während eines Datentransfers vom Zentralsystem nicht während einer bestimmten Zeit bedient wird.
D_3			Nicht verwendet. Dieses Bit ist immer low (0).
D_2	No Data	ND	Das Flag wird gesetzt, wenn der FDC während der Ausführung der Befehle READ DATA, READ DELETED DATA oder SCAN nicht den Sektor finden kann, der im ID-Register vorgegeben ist.
			Das Flag wird gesetzt, wenn der FDC während der Ausführung des Befehls READ ID nicht das ID-Feld fehlerfrei lesen kann.
			Das Flag wird gesetzt, wenn vom FDC bei der Ausführung des Befehls „Lesen eines Zylinders" der Startsektor nicht gefunden wird.
D_1	Not Writetable	NM	Das Flag wird gesetzt, wenn der FDC während der Ausführung der Befehle WRITE DATA, WRITE DELETED DATA und FORMAT A TRACK ein Schreibschutzsignal registriert.
D_0	Missing Address Mark	MA	Wenn der FDC bis zum zweiten Passieren des Indexloches keine ID-Adreßmarke gefunden hat, wird das Flag gesetzt.
			Wenn der FDC die Daten-Adreßmarke oder die ignorierte Daten-Adreßmarke nicht finden kann, wird dieses Flag ebenfalls gesetzt (gleichzeitig mit dem MD-Flag [Missing Address Mark in Data Field] des Statusregisters 2).
STATUSREGISTER 2			
D_7			Nicht verwendet. Dieses Bit ist immer low (0).
D_6	Control Mark	CM	Dieses Flag wird gesetzt, wenn der FDC während der Ausführung eines Datenlese- oder Testbefehls einen Sektor mit ignorierter Daten-Adreßmarke erreicht.
D_5	Data Error in Data Field	DD	Das Flag wird gesetzt, wenn der FDC einen CRC-Fehler im Datenfeld erkennt.
D_4	Wrong Cylinder	WC	Dieses Bit ist in Verbindung mit dem ND-Flag zu betrachten. Das WC-Flag wird gesetzt, wenn der Inhalt von C der Diskettenspur von dem im Befehl angegebenen C-Wert abweicht.
D_3	Scan Equal Hit	SH	Das Flag wird gesetzt, wenn während der Ausführung des Testbefehls die Bedingung GLEICH erfüllt wird.
D_2	Scan Not Satisfied	SN	Das Flag wird gesetzt, wenn der FDC während der Ausführung des Testbefehls keinen Sektor findet, der die Testbedingung erfüllt.
D_1	Bad Cylinder	BC	Dieses Bit ist in Verbindung mit dem ND-Flag zu betrachten. Das Flag wird gesetzt, wenn der Inhalt von C der Diskette von dem im Befehl angegebenen C-Wert abweicht und der Inhalt von C = FF_{Hex} ist.
D_0	Missing Address Mark in Data Field	MD	Das Flag wird gesetzt, wenn der FDC beim Auslesen von Daten von der Diskette keine Daten-Adreßmarke oder keine ignorierte Daten-Adreßmarke finden kann.
STATUSREGISTER 3			
D_7	Fault	FT	Dieses Bit wird benutzt, um den Status des Fehlersignals vom FDD anzuzeigen.
D_6	Write Protected	WP	Dieses Bit wird benutzt, um den Schreibschutz vom FDD zu melden.
D_5	Ready	RDY	Dieses Bit wird benutzt, um die Bereitschaft vom FDD zu melden.
D_4	Track 0	T0	Dieses Bit wird benutzt, um vom FDD das Spur-0-Signal anzuzeigen.
D_3	Two Sides	TS	Dieses Bit wird benutzt, um vom FDD das Signal Zweiseitenbetrieb zu melden.
D_2	Head Address	HD	Dieses Bit zeigt den Zustand des Seitenwahlsignals (Side Select) zum FDD an.
D_1	Drive Select	DS 1	Diese Bits zeigen den Zustand der Stationswahlsignale (Drive Select) an.
D_0	Drive Select 0	DS 0	

die Testbedingung nicht erfüllt, so wird die Sektornummer um STP erhöht und der Vergleich fortgesetzt.

SEEK

Durch den SEEK-Befehl (Suchbefehl) wird der Lese-/Schreibkopf des Laufwerkes gezielt von Zylinder zu Zylinder bewegt. Dabei wird die aktuelle Kopfposition (PCN) ständig mit der gewünschten Kopfposition (NCN) verglichen. Im Ergebnis des Vergleiches PCN < NCN bzw. PCN > NCN werden das Richtungssignal (DR) auf High (1) bzw. Low (0) gesetzt und die Schrittimpulse ausgesendet. Die Folgefrequenz der Schrittimpulse ist vorher im SPECIFY-Befehl durch den Wert von SRT (Stepping Rate Time) festgelegt worden. Mit PCN = NCN wird das Aussenden der Stepimpulse abgebrochen und der Befehl beendet. Während der Ausführungsphase eines Suchbefehls kann ein weiterer Suchbefehl für ein anderes Laufwerk gestartet werden – das ist für maximal 4 Laufwerke gleichzeitig möglich.

Es ist zu beachten, daß bei einem Lese-/Schreibbefehl keine Suchbefehle ausgeführt werden. Deshalb sollte einem Lese-/Schreibbefehl vorausgehen:

1. ein Suchbefehl
2. Sense Interrupt Status
3. Red ID.

Der PCN-Zähler ist nur durch den Rücksetzbefehl (Recalibrate) zu eichen. Der Suchbefehl ist in Tafel 4 dargestellt.

RECALIBRATE

Durch den Rücksetzbefehl wird der Lese-/Schreibkopf des Laufwerkes auf die Spur 0 zurückgesetzt und der Inhalt des PCN-Zählers gelöscht. Der U 8272 sendet so lange Schrittimpulse in Verbindung mit dem Richtungssignal DR = 1 aus, bis das Spur-0-Signal (T0) high wird. Damit wird der Befehl beendet. Ist nach dem Aussenden von 77 Schrittimpulsen immer noch T0 = 0, so wird der Befehl abgebrochen. Alle vier Laufwerke können parallel rückgesetzt werden. Der Recalibrate-Befehl ist in Tafel 4 dargestellt.

SENSE INTERRUPT STATUS

Ein Interrupt-Signal wird vom U 8272 in folgenden Fällen erzeugt:

1. Bei Erreichen der Ergebnisphase folgender Befehle:
   - Datenlesen
   - Zylinderlesen
   - Lesen der Identifikation
   - Lesen ignorierter Daten
   - Datenschreiben
   - Formatieren eines Zylinders
   - Schreiben ignorierter Daten
   - Testbefehl
2. bei Pegelwechsel auf den Ready-Leitungen der Laufwerke
3. nach Beendigung eines Such- oder Rücksetzbefehls
4. während der Ausführungsphase im Nicht-DMA-Betrieb.

Die Ursachen 1. und 4. werden vom Prozessor erwartet und sind leicht zu erkennen; die Ursachen 2. und 3. sind jedoch nur mittels des Befehls SENSE INTERRUPT STATUS entschlüsselbar. Durch diesen Befehl wird das Interrupt-Signal zurückgesetzt und dessen Ursache über die Bits 5, 6 und 7 des Statusregisters 0 abgefragt. Da weder Such- noch Rücksetzbefehl eine Ergebnisphase besitzen, ist mit diesem Befehl die Kontrolle für die exakte Durchführung und fehlerfreie Beendigung möglich.
Der Sense-Interrupt-Befehl ist in Tafel 4 dargestellt.

SPECIFY

Durch diesen Befehl werden den 3 internen Zeitgebern Werte zugeordnet:
Kopfentladezeit (HUT):
1 ≙ 16 ms, 2 ≙ 32 ms, ..., F ≙ 240 ms
Schrittimpulsrate (SRT):
F ≙ 1 ms, E ≙ 2 ms, ..., 0 ≙ 16 ms
Kopfladezeit (HLT):
01 ≙ 2 ms, 02 ≙ 4 ms, ..., FE ≙ 254 ms
Die angegebenen Werte gelten für eine Taktfrequenz von 8 MHz. Bei 4 MHz verdoppeln sich die Zeiten bei gleicher Wertzuweisung im Befehl Specify.
Die Schrittrate sollte 1 ms länger als die minimale vom FDD geforderte Zeit programmiert werden. Durch das ND-Bit (Non DMA) wird zwischen Nicht-DMA-Betrieb (ND = 1) und DMA-Betrieb (ND = 0) unterschieden. Der Specify-Befehl ist in Tafel 4 dargestellt.

SENSE DRIVE STATUS

Dieser Befehl wird benutzt, um den Status eines Laufwerkes abzufragen. Er hat folgende Form:

0	0	0	0	0	1	0	0
0	0	0	0	0	HDS	DS1	DS0

__________ ST3 __________

In ST3 ist die Statusinformation des angewählten Laufwerkes enthalten.

INVALID

Alle Befehle, die nicht einem vorangegangenen Befehl entsprechen, sind ungültig. Der U 8272 beantwortet einen solchen ungültigen Befehlscode mit der Ausgabe des Statusregisters 0, das den Wert 80 H enthält. Das Erreichen der Ergebnisphase wird in diesem Fall nicht durch ein INT-Signal angezeigt, sondern es ist das Hauptstatusregister zu lesen. Nachfolgend ist ein solcher Befehl dargestellt:

__________ ungültiger Code __________

Befehlscode

__________ ST0 __________

Ergebnisphase
Jeder solcher Befehl kann als NOP-Befehl verwendet werden.

Grenzwerte, Betriebsbedingungen und Kennwerte

Der U 8272 arbeitet bei einer Betriebsspannung von 4,75 bis 5,25 V bei 0 bis 70 °C Umgebungstemperatur. Die Eingangspegel betragen −0,8 V (low) bzw. −2,0 V (high), für die Takteingänge −0,65 V bzw. 2,4 V. Der Typ U 8272 D08 arbeitet mit einer minimalen Taktperiode von 125 ns bei minimal 40 ns Highphase und minimal 50 ns Lowphase. Für den Typ U 8272 D04 verdoppeln sich diese Werte. Mit dem Beginn des Aktivwerdens des $\overline{RD}$- bzw. $\overline{WR}$-Eingangs müssen A_0, $\overline{CS}$ und $\overline{DAK}$ gültig sein.
An den Ausgängen liefert der U 8272 einen Lowpegel von 0,45 V bei 2 mA bzw. einen Highpegel von 2,4 V bei −200 μA Belastung. Die Leckströme der Ausgänge liegen unter 10 μA.
Ausführlichere Angaben hierzu enthalten die Tafeln 8, 9 und 10 und die dazugehörigen Bilder 6 bis 12.

Tafel 8 Grenzwerte

Kenngröße	Symbol	Einheit	min.	max.
Betriebsspannung	U_{CC}	V	−0,5	7,0
Eingangsspannung	U_I	V	−0,5	7,0
Ausgangsspannung	U_O	V	−0,5	7,0
Verlustleistung	P_V	W	–	1,5
Umgebungstemperatur bei Belastung	ϑ_a	°C	0	70
Lagertemperatur	ϑ_s	°C	−40	125

Bild 6 Impulsbedingungen

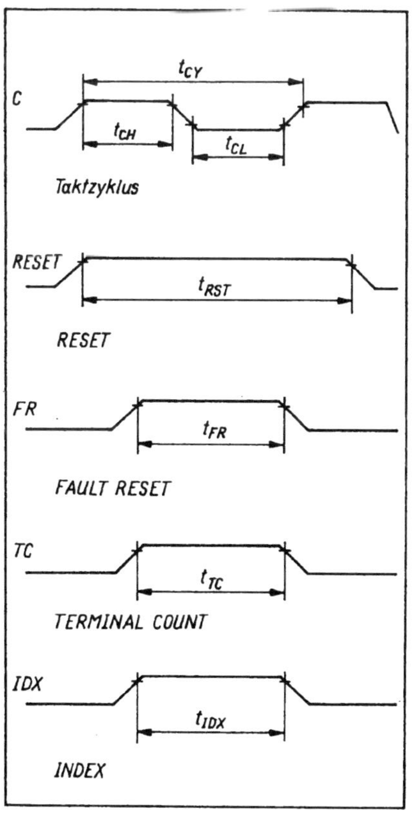

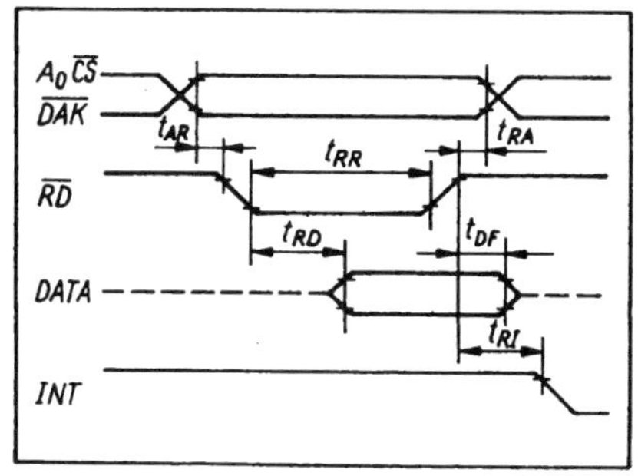

Bild 7 Prozessor-Leseoperation

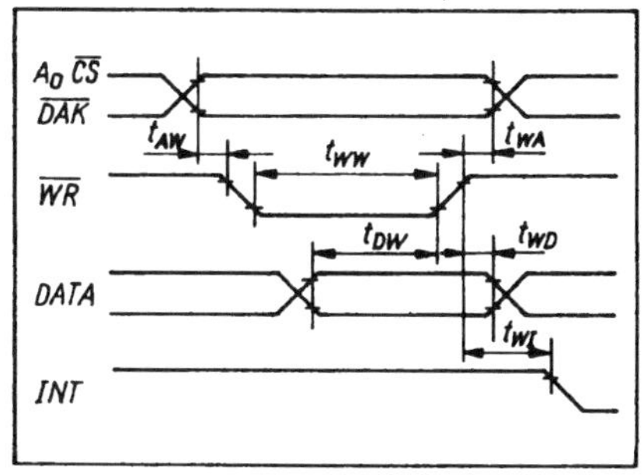

Bild 8 Prozessor-Schreiboperation

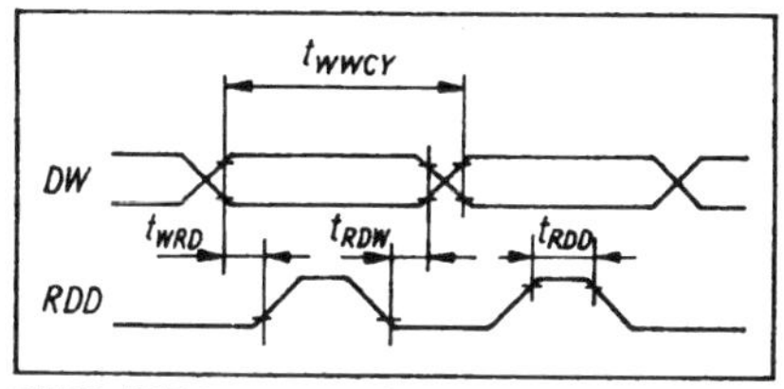

Bild 9 FDD-Leseoperation

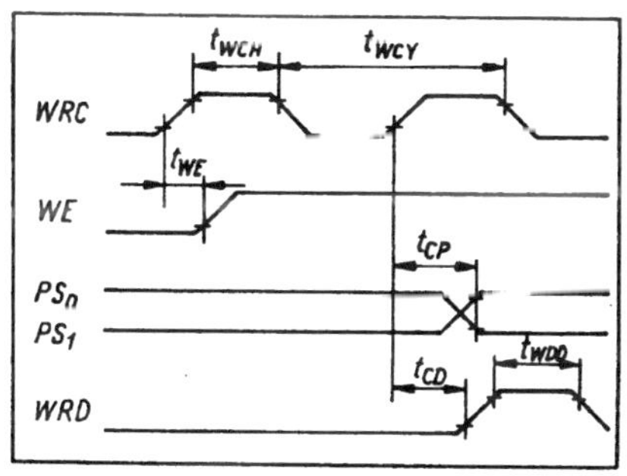

Bild 10 FDD-Schreiboperation

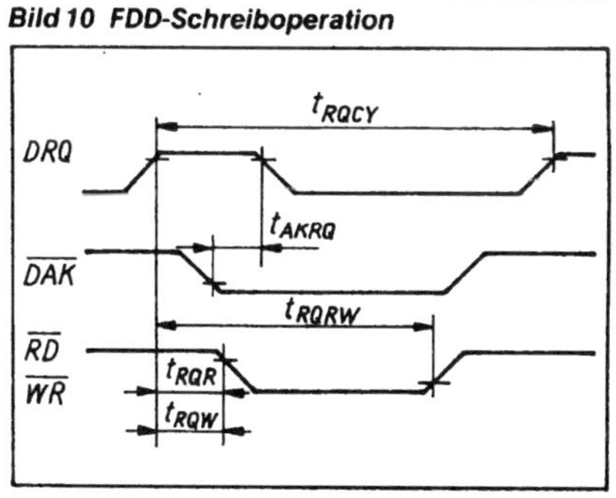

Bild 11 DMA-Operation
Bild 12 Such-Operation

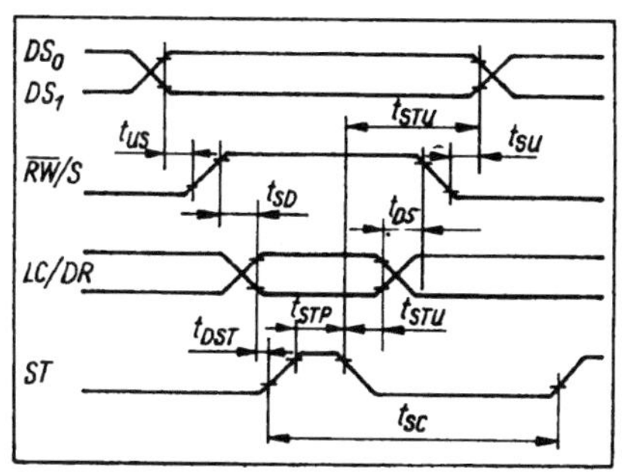

Tafel 9 Betriebsbedingungen

Kenngröße	Symbol	Einheit	min.	typ	max.	Bedingung
Umgebungstemperatur	ϑ_a	°C	0	–	70	
Betriebsspannung	U_{CC}	V	4,75	–	5,25	
L-Eingangsspannung	U_{IL}	V	−0,5	–	0,8	
H-Eingangsspannung	U_{IH}	V	2,0	–	$U_{CC}+0,5$	
L-Eingangsspannung für CLK und WRC	$U_{IL}(C)$	V	−0,5	–	0,65	
H-Eingangsspannung für CLK und WRC	$U_{IH}(C)$	V	2,4	–	$U_{CC}+0,5$	
Taktperiode	t_{CY}	ns	125	–	500	x^1
H-Taktperiode	t_{CH}	ns	40	–	–	x^1
L-Taktperiode	t_{CL}	ns	50	–	–	x^1
Anwahl bis $\overline{RD}$↓	t_{AR}	ns	0	–	–	
$\overline{RD}$↑ bis Anwahl	t_{RA}	ns	0	–	–	
$\overline{RD}$↓ bis $\overline{RD}$↑	t_{RR}	ns	250	–	–	
Anwahl bis $\overline{WR}$↓	t_{AW}	ns	0	–	–	
$\overline{WR}$↑ bis Anwahl	t_{WA}	ns	0	–	–	
$\overline{WR}$↓ bis $\overline{WR}$↑	t_{WW}	ns	250	–	–	
Daten bis $\overline{WR}$↑	t_{DW}	ns	150	–	–	
$\overline{WR}$↑ bis Daten	t_{WD}	ns	5	–	–	
TC↑ bis TC↓	t_{TC}	t_{CY}	1	–	–	
RESET↑ bis RESET↓	t_{RST}	t_{CY}	14	–	–	
IDX↑ bis IDX↓	t_{IDX}	t_{CY}	–	10	–	
WRC↑ bis WRC↓	t_{WCH}	ns	100	250	350	x^2
Einschaltflanke WRC	t_{WCR}	ns	–	–	20	
Ausschaltflanke WRC	t_{WCF}	ns	–	–	20	
RDD↑ bis RDD↓	t_{RDD}	ns	40	–	–	
RDD↓ bis DW	t_{RDW}	ns	15	–	–	
DW bis RDD↑	t_{WRD}	ns	15	–	–	
WRC↑ bis WRC↑	t_{WCY}	µs	–	2	–	FM 8″
			–	1	–	MFM 8″
WRC↑ bis WRC↑	t_{WCY}	µs	–	4	–	FM 5¼″
			–	2	–	MFM 5¼″
DW↑ bis DW↓	t_{WWCY}	µs	–	2	–	FM 8″
DW↓ bis DW↑			–	1	–	MFM 8″
DW↑ bis DW↓	t_{WWCY}	µs	–	4	–	FM 5¼″
DW↑ bis DW↓			–	2	–	MFM 5¼″
DRQ↑ bis $\overline{RD}$↑/$\overline{WR}$↑	t_{RQRW}	µs	–	–	12	x^1
DRQ↑ bis $\overline{RD}$↓	t_{RQR}	ns	800	–	–	x^1
DRQ↑ bis $\overline{WR}$↓	t_{RQW}	ns	250	–	–	x^1

x^1 doppelte Werte für U 8272 D04 (4 MHz)
x^2 doppelter Maximalwert für U 8272 D04

Tafel 10 Elektrische Kennwerte

Kenngröße	Symbol	Einheit	min.	typ	max.	Bedingung
L-Ausgangsspannung	U_{OL}	V	–	–	0,45	$I_{OL}=2\,mA$
H-Ausgangsspannung	U_{OH}	V	2,4	–	–	$I_{OH}=-200\,\mu A$
Eingangsleckstrom	$\lvert I_{LI}\rvert$	µA	–	–	10	$U_I=0,4\,V \ldots U_{CC}$
Ausgangsleckstrom	$\lvert I_{LO}\rvert$	µA	–	–	10	$U_O=0,45\,V \ldots U_{CC}$ Pin 6 … 13
$\overline{RD}$↓ bis Daten	t_{RD}	ns	–	–	200	
$\overline{RD}$↑ bis Daten hochohmig	t_{DF}	ns	20	–	100	
WRC↑ bis PSØ, PS1	t_{CP}	ns	20	–	100	
WRC↑ bis WRD↑	t_{CD}	ns	20	–	100	
WRC↑ bis WE↑	t_{WE}	ns	20	–	100	
WRD↑ bis WRD↓	t_{WDD}	ns	$t_{WCH}-50$	–	–	
Stromaufnahme	I_{CC}	mA	–	–	250	
Eingangskapazität	C_I	pF	–	–	10	
Eingangskapazität C, WRC	$C_I(C)$	pF	–	–	20	
Ein-Ausgangskapazität	$C_{I/O}$	pF	–	–	20	
$\overline{RD}$↑ bis INT↓	t_{RI}	ns	–	–	500	x^1
$\overline{WR}$↑ bis INT↓	t_{WI}	ns	–	–	500	x^1
DRQ↑ bis DRQ↑	t_{RQCY}	t_{CY}	104	–	–	
DAK↓ bis DRQ↓	t_{AKRQ}	ns	–	–	200	
FR↑ bis FR↓	t_{FR}	t_{CY}	64	–	80	
DSØ, DS1 bis $\overline{RW}$/SEEK↑	t_{US}	t_{CY}	96	–	–	
$\overline{RW}$/S↑ bis LC/DR	t_{SD}	t_{CY}	56	–	–	
DR bis ST↑	t_{DST}	t_{CY}	8	–	–	
ST↓ bis DR	t_{STD}	t_{CY}	192	–	–	
ST↓ bis DSØ, DS1	t_{STU}	t_{CY}	40	–	–	
ST↓ bis ST↓	t_{STP}	t_{CY}	–	40	–	
ST↑ bis ST↑	t_{SC}	t_{CY}	264	–	–	x^2
$\overline{RW}$/S↓ bis DS0, DS1	t_{SU}	t_{CY}	120	–	–	
LC/DR bis $\overline{RW}$/S↓	t_{DS}	t_{CY}	240	–	–	

x^1 Diese Zeiten gelten nur für eine Taktfrequenz von 8 MHz. Bei 4 MHz verdoppeln sie sich.
x^2 Diese Zeit gilt für unterschiedliche Stationen. Für eine Station gilt der im Befehl SPECIFY angegebene Wert.
Als Bezugspegel für die Zeiten gelten 0,8 V (low) und 2,0 V (high).
Die Ausgänge sind mit 100 pF (einschließlich Meßkapazität) belastet. Die Einhaltung aller Kenngrößen wird vom Hersteller mit einer Toleranz von ± 2,5 % garantiert.

Literatur

/1/ Köhler, Th., Streubel, R.: Diskettenspeicher – Stand und Tendenzen. Radio, Ferns., Elektron. Berlin 36 (1987) 1, S. 46–48
/2/ Alles über Disketten. Chip (1981) 4, S. 70–73
/3/ Böhl, E.: Die Floppy-Disk-Controller-Schaltkreise U 8272 D08 und U 8272 D04. Radio, Ferns., Elektron., Berlin 36 (1987) 11
/4/ Warninck, H.: Funktionsbeschreibung des Floppy-Disk-Controller-Schaltkreises U 8272. VEB Robotron Elektronik Dresden, 10/1986
/5/ Werkstandard, EMS 2633, VEB Forschungszentrum Mikroelektronik Dresden, November 1986

✉ KONTAKT ☎

VEB Forschungszentrum Mikroelektronik Dresden, Abt. EAP, Grenzstraße 28, Dresden, 8080; Tel. 588246

Wegbereiter der Informatik

Friedrich Wilhelm Bessel

∗ 1784 Minden (Weser), † 1846 Königsberg (Kaliningrad).

Bessel war nicht nur einer der bedeutendsten Astronomen (er gilt als Pionier der astronomischen Meßkunst), sondern er hat auch auf mathematischem Gebiet herausragende Ergebnisse hinterlassen, die noch heute zum Lehrstoff in einem Mathematikstudium gehören. Bereits ein Blick in ein mathematisches Lexikon weist seine bleibenden Verdienste aus. Begriffe wie Besselsche Differentialgleichung, Bessel-Funktion, Besselsche Integrationsformel, Besselsche Polynome u. a. belegen diesen Sachverhalt. So hat er die Lösbarkeit einer nach ihm benannten Klasse von Differentialgleichungen untersucht, welche in der mathematischen Physik eine wichtige Rolle spielen. Er gab die Lösung in Form einer Potenzreihe an (Bessel-Funktionen), deren numerische Auswertung jedoch erst durch computertechnische Unterstützung mit vertretbarem Zeitaufwand hinreichend genau gelingt. Auch die von ihm abgeleiteten Formeln für die numerische Integration oder für die Interpolation einer Funktion haben praktisch den Charakter von Algorithmen für den unmittelbaren Einsatz von Computern.

Es ist bemerkenswert, daß Bessel während seiner Ausbildungszeit (er besuchte nach dem Gymnasium ab 1798 eine Bremer Navigationsschule) Mathematik lediglich autodidaktisch betrieb, allerdings so intensiv, daß er in deren praktischer Anwendung ungewöhnliche Fertigkeiten erlangte. Seiner ersten Publikation aus dem Jahre 1804 über den Halleyschen Kometen von 1607 liegen rund 300 Manuskriptseiten Berechnungen zugrunde. Diese Arbeit beeindruckte C. F. Gauß derart, daß er Bessel um Unterstützung bei der Realisierung der „Berechnung des geozentrischen Laufs 3 neuer Planeten" bat.

Wilhelm von Humboldt veranlaßten die Leistungen Bessels, im Jahre 1810 dessen Berufung zum Professor für Astronomie an die Königsberger Universität und zum Direktor der dort zu errichtenden Sternwarte zu betreiben. Bessel war übrigens der erste, der eine kosmische Entfernung jenseits der Grenzen des Sonnensystems exakt gemessen bzw. berechnet hat. *Dr. Klaus Biener*

Moderne Mikrorechnersysteme (Teil 2)

Prof. Dr. Peter Neubert,
Ralph Willem, Karsten Künne
Technische Universität Dresden,
Sektion Informationstechnik

3. System 80186

Der Mikroprozessor 80186 stellt eine Weiterentwicklung des 8086 dar. Er erschien etwa im Jahr 1982. Intel entwickelte den 80186 vor allem, um das Kostenproblem, welches bei 16-Bit-Rechnern auftritt, zu lösen. Aus diesem Grunde wurden im 80186 alle wesentlichen Funktionen der ZVE eines Mikrorechners vereinigt. Man kann den 80186 fast schon als Einchipmikrorechner bezeichnen, nur der Speicher fehlt noch auf dem Chip.

Was enthält der 80186 nun im einzelnen:
- eine verbesserte 8 MHz-8086/2-CPU
- einen Taktgenerator
- zwei unabhängige DMA-Kanäle
- einen programmierbaren Interruptcontroller
- drei programmierbare 16-Bit-Zähler/Zeitgeber
- programmierbare Speicherselect- und Peripherieselectlogik
- einen programmierbaren Wartezustandsgenerator
- einen lokalen Buscontroller

Durch diese Vereinigung einer Vielzahl von Funktionen in einem Chip werden Gewicht, Größe, Leistungsaufnahme und Kosten bei steigender Leistung günstig beeinflußt. In Tafel 3 ist zur Untermauerung dieser Aussage das Leistungs-Kosten-Verhältnis verschiedener Intel-Prozessoren dargestellt.

Das System 80186 ist vollständig aufwärtskompatibel für Software und Peripherie des 8086. Obwohl der 80186 nicht so starke Verbreitung wie der 8086 erreicht hat, besitzt er auf dem OEM-Markt doch eine große Bedeutung.

Tafel 3 Leistung-Kosten-Verhältnis von Intel-MP /6/

	8085	8086	80186	80286
Leistung in MIPS	0,07	0,3	0,7	1,5
Leistung-Kosten-Verh. in IPS/$	700	1500	10000	7500

MIPS = 1 Million Instruktionen pro Sekunde

3.1. Bestandteile einer funktionsfähigen ZVE

Bedingt durch die große Anzahl zusätzlicher Funktionseinheiten im 80186 läßt sich eine funktionsfähige ZVE mit diesem Mikroprozessor bereits mit wenigen Schaltkreisen aufbauen. Bild 15 zeigt die einfachste Variante.

Außer dem Prozessor 80186 werden nur noch zwei Adreßlatches benötigt, da der 80186 die Adressen und Daten wie der 8086 im Multiplexbetrieb ausgibt. Soll die ZVE allerdings durch Koprozessoren, wie den Arithmetikprozessor 8087 oder den E/A-Prozessor 8089 erweitert werden, ist noch ein Buscontroller 82188 in das System zu integrieren, da der 80186 die Busübergabe nicht mit dem RQ/GT-Protokoll wie der 8086 im Maximummode abwickelt, sondern das HOLD/HLDA-Protokoll verwendet.

Die einfachste Variante nach Bild 1 bietet durch die integrierten Funktionen im 80186 bereits eine Reihe von Leistungsmerkmalen, die nicht unbedingt zu den Grundfunktionen einer ZVE gehören. An dieser Stelle sei darum kurz auf die zusätzlichen Funktionseinheiten des 80186 eingegangen.

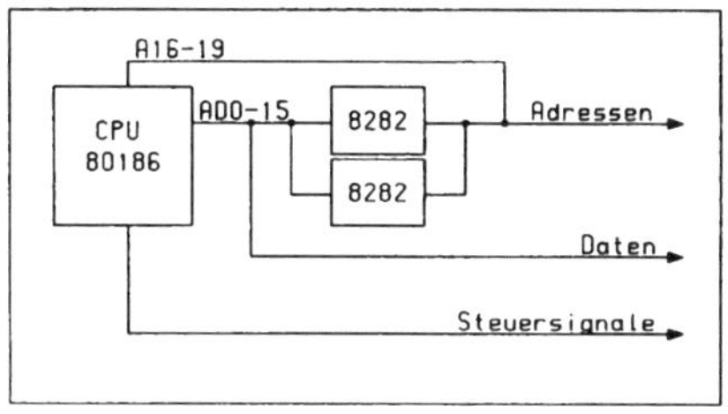

Bild 15 Einfache ZVE-Variante mit 80186 /6/

Zwei speziell für Echtzeitanwendungen wichtige Funktionseinheiten im 80186 sind der Interruptcontroller und der programmierbare Zähler/Zeitgeber. Der Interruptcontroller kann bis zu acht verschiedene Interruptquellen behandeln. Dabei werden simultane Interruptforderungen nach vorgegebenen Prioritäten aufgelöst. Es wird mit Vektorinterrupt gearbeitet, und eine selektive Sperrung von Interrupts ist möglich. Die Interruptquellen können sowohl extern (maximal fünf) als auch intern (Zähler/Zeitgeber oder DMA-Kanäle) sein. Eine Kaskadierung des Interruptcontrollers durch externe Controller 8259A ist möglich. Der programmierbare Zähler/Zeitgeber enthält drei 16-Bit-Kanäle, die für verschiedenste Funktionen programmiert werden können. Zwei der Timer können für externe Schaltungen verwendet werden, der dritte steht nur für interne Operationen zur Verfügung.

Die Funktionen des Zähler/Zeitgebers entsprechen etwa denen des Timerschaltkreises 8253.

Zur Unterstützung von schnellen Datentransfers enthält der 80186 zwei DMA-Kanäle. Die DMA-Kanäle ermöglichen Datenübertragungen mit einer Geschwindigkeit von maximal 2 MByte/s. Durch die interne Busvergabe sind die Reaktionszeiten auf eine DMA-Anforderung im Vergleich zu externen DMA-Controllern sehr kurz. Dagegen besitzen externe DMA-Controller gewöhnlich umfangreichere Programmiermöglichkeiten als die beiden internen DMA-Kanäle des 80186. Mit diesen ist es nur möglich, Datenblöcke zu übertragen.

Als weitere interne Funktionseinheit des 80186 sei noch auf die programmierbare Chipselect- und Ready-Logik eingegangen. Genau wie beim 8086 wird auch beim 80186 jeder Buszyklus durch ein Ready-Signal abgeschlossen. Dieses Ready-Signal kann zum einen extern erzeugt werden, aber es ist auch möglich, den internen Ready-Generator zu nutzen. Dieser Ready-Generator kann so programmiert werden, daß er zwischen null und maximal drei Wartezustände in den Buszyklus einfügt. Damit kann die Länge der Buszyklen optimal den Zugriffszeiten der Speicher bzw. E/A-Bausteine angepaßt werden. Weiterhin bietet der 80186 noch die Möglichkeit, Freigabesignale für Speicher und Peripherie durch die Chipselect-Logik zu bilden. Für die Selektierung des Speichers stehen insgesamt sechs Leitungen zur Verfügung. Die Speicherblockgröße, die jede Leitung adressiert, ist programmierbar und kann zwischen 1 KByte und 256 KByte liegen. Zur Selektierung von Peripheriebausteinen sind sieben Selectleitungen vorhanden. Jede Leitung ist dabei für ein 128-Byte-Segment im E/A-Bereich des Prozessors zuständig. Der Adreßbereich, in dem die Segmente liegen, ist wiederum frei programmierbar.

3.2. Unterschiede der CPU 80186 zur CPU 8086

Neben der Integration zusätzlicher Funktionseinheiten wurde beim 80186 auch die CPU gegenüber der CPU 8086 erheblich verbessert. Diese Verbesserungen betreffen vor allem die interne Struktur und den Befehlssatz.

Die Veränderungen in der internen Struktur beim 80186 dienen der Erhöhung der Verarbeitungsgeschwindigkeit. So wurde z. B. die Busanschlußeinheit mit einem eigenen Hardwareadder ausgestattet. Dadurch ist es möglich, die effektiven Adressen parallel zur Befehlsausführung zu berechnen. Der Multiplikationsteil wurde ebenfalls durch zusätzliche Hardware vergrößert und soll fünf- bis sechsmal schneller sein als der des 8086 /6/. Weiterhin wurde zur Beschleunigung von String-, Verschiebe- und Rotationsoperationen zusätzliche Hardware implementiert. Verschiebe- und Rotationsoperationen erfolgen dadurch mit einem Bit pro Takt.

Der Befehlssatz des 80186 wurde gegenüber dem 8086 um einige Befehle erweitert, die besonders der Unterstützung höherer Programmiersprachen dienen. Zu den neuen Befehlen gehören z. B. Befehle für Prozedurein- und -austritt, ein Befehl zum Testen von Indexgrenzen (erzeugt Interrupt 5 bei einem Fehler) und Block-E/A-Befehle. Weiterhin können beim 80186 Multiplikations-, Verschiebe- und Rotationsbefehle auch einen Direktoperanden verarbeiten, und es ist durch die Befehle PUSHA und POPA möglich, den Inhalt aller allgemeinen Register mit einem Befehl auf den Stack zu legen bzw. von dort zu holen. Bei Auftreten eines illegalen Operationscodes erzeugt der 80186 eine Befehlsausnahme (Interrupt 6), wodurch es möglich ist, zusätzliche Befehle zu generieren.

4. System 80286

Das Mikrorechnersystem 80286 stellt eine Weiterentwicklung des bekannten 8086-Systems dar. Es wurde dabei vor allem eine Erhöhung des Befehlsdurchsatzes, die Unterstützung von virtuellen Adressierungskonzepten, Verbesserung des Zugriffsschutzes und der Multitaskingfähigkeiten angestrebt. Bei gleicher Taktfrequenz soll der 80286 etwa 250 % der Leistung des 8086 erreichen /7/. Softwareseitig ist der 80286 weitgehend aufwärtskompatibel zum 8086. Das heißt, Programme, die für den 8086 geschrieben wurden, laufen problemlos auch auf dem 80286, nur mit entsprechend verkürzten Abarbeitungszeiten. Der maximale physische Adreßbereich beträgt 16 MByte, virtuell ist sogar 1 GByte verfügbar.

Der Prozessor 80286 enthält etwa 130000 Transistoren auf dem Chip, wird in HMOS-II-Technologie produziert und besitzt ein 68poliges Gehäuse (LCC oder PGA). Die Bedeutung des 80286 geht schon allein daraus hervor, daß mit ihm die IBM-PCs AT und XT286 ausgestattet sind und auch einige Modelle des neuen IBM-PS/2 auf diesem Prozessor basieren.

4.1. Bestandteile einer funktionsfähigen ZVE

Um eine funktionsfähige ZVE mit dem Mikroprozessor 80286 aufzubauen, benötigt man neben der CPU 80286 noch einen Taktgenerator 82284, einen Buscontroller 82288 und drei Adreßlatches 8282. Wenn noch ein leistungsfähiges Interruptsystem hinzugefügt werden soll, bietet sich die Verwendung des Interruptcontrollers 8259A an. Bei größeren Systemen werden außerdem noch zwei Treiber 8286 für den Datenbus notwendig. Im Bild 16 ist das Blockschaltbild einer funktionsfähigen ZVE mit dem 80286 gezeigt.
Der Taktgenerator liefert neben dem Systemtakt, der immer doppelt so groß wie der CPU-Takt ist, auch noch eine Synchronisation des Ready- und des Reset-Signals.

4.1.1. Multibusinterface

Wenn zu der im vorigen Abschnitt gezeigten funktionsfähigen ZVE noch ein Busverwalter 82289 hinzugefügt wird, entsteht ein vollständiges Multibusinterface. Der Busverwalter 82289 übernimmt dabei alle Aufgaben, die mit der Busvergabe in Zusammenhang stehen. Ein Blockschaltbild des 82289 ist in Bild 17 dargestellt.
Die Funktion des 82289 entspricht im wesentlichen der des 8289 aus dem 8086-System. Er fordert also bei Bedarf den Bus an und gibt den Controller und die Adreßlatches frei, wenn er die Busherrschaft erlangt hat. Benötigt der Prozessor den Bus nicht mehr, dann wird der Busverwalter durch einen anderen Busverwalter aus der Busherrschaft verdrängt usw. Die Prioritäten der Busverwalter am Multibus können parallel oder seriell (Daisy-Chain) gesteuert werden. Das ist identisch zum 8289. Um seine Aufgaben erfüllen zu können, verfügt der Busverwalter 82289 über Anschlüsse für alle Verwaltungsleitungen des Multibus und läßt sich auf der anderen Seite problemlos an den Prozessor 80286 anschließen. Bild 18 zeigt noch einmal eine ZVE mit vollständigem Multibusinterface.

4.1.2. Betriebsarten des Bussteuer-ICs 82288

Der Bussteuer-IC (Buscontroller) 82288 hat die Aufgabe, die Statussignale der CPU 80286 zu dekodieren und daraus die entsprechenden Lese- bzw. Schreibkommandos auf dem Bus zu erzeugen. Dazu erhält er von der CPU die beiden Statussignale S0 und S1 und das Signal M/IO. Die Kodierung des CPU-Status ist in Tafel 4 wiedergegeben.
Weiterhin steuert der 82288 die Adreßlatches und die Datenbustreiber durch entsprechende Steuersignale. Seine Funktion entspricht der des 8288 aus dem 8086-System. Bild 19 zeigt ein Blockschaltbild des 82288.
An dieser Stelle sei auf eine Besonderheit der Adreßausgabe des 80286 hingewiesen. Der 80286 verfügt über getrennte Busse für Daten und Adressen. Die Adressen jedes Buszyklus werden aber bereits vorzeitig ausgegeben, noch bevor der gerade laufende Buszyklus abgeschlossen ist. Das Taktdiagramm eines 80286-Buszyklus mit diesem Adreßpipelining ist in Bild 20 dargestellt.
Eine solche Überlappung von Buszyklen hat den Vorteil, daß mit bestimmten Schaltungsmaßnahmen den Speichern bzw. E/A-Bausteinen größere Antwortzeiten zur Verfügung gestellt werden können. Allerdings müssen die Adressen dann durch Latches gespeichert werden, da sie vor Beendigung des Buszyklus verschwinden.
Um nun das verbesserte Zeitverhalten der CPU 80286 stärker ausnutzen zu können, hat der Buscontroller 82288 zwei Betriebsarten, die sich im Zeitverhalten unterscheiden.
Die erste Betriebsart ist der Multibusmode. In dieser Betriebsart ist das Zeitverhalten des Buscontrollers multibuskompatibel. Auch die Steuerung der Datenbustreiber erfolgt so, daß sie dem Multibusstandard entspricht. Ein Multibuszyklus in dieser Betriebsart ist mindestens drei Prozessortakte lang, d. h., jeder Prozessorbuszyklus muß um mindestens einen Wartetakt (Waitstate) verlängert werden. Es wird also nicht die maximal mögliche Busbandbreite des Prozessors erreicht.
Eine zweite Betriebsart des Buscontrollers 82288 ist der lokale Busmode. Dabei werden die Schreib- bzw. Lesekommandos bereits einen ganzen bzw. einen halben Prozessortakt eher ausgegeben als im Multibusmode. Auch die Freigabe der Datenbustreiber erfolgt wesentlich zeitiger. In dieser Betriebsart kann die maximale Busbandbreite des Prozessors erreicht werden. Ein Buszyklus ist minimal zwei Prozessortakte lang, wenn kein Wartetakt eingefügt wird.
Die CPU 80286 kann auch mit zwei Bussystemen arbeiten. Dann sind allerdings auch zwei Buscontroller erforderlich und der physische Adreßraum muß zwischen beiden Bussystemen aufgeteilt werden. Ein Bus könnte beispielsweise der Multibus sein und der zweite ein schneller lokaler oder residenter Bus.

Bild 16 ***Einfache Variante einer ZVE mit dem 80286***

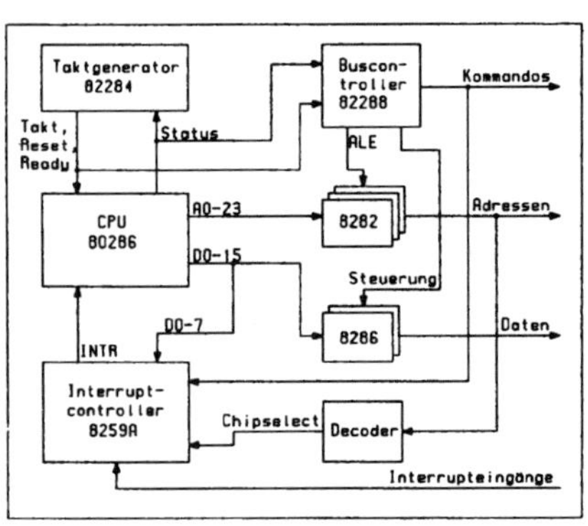

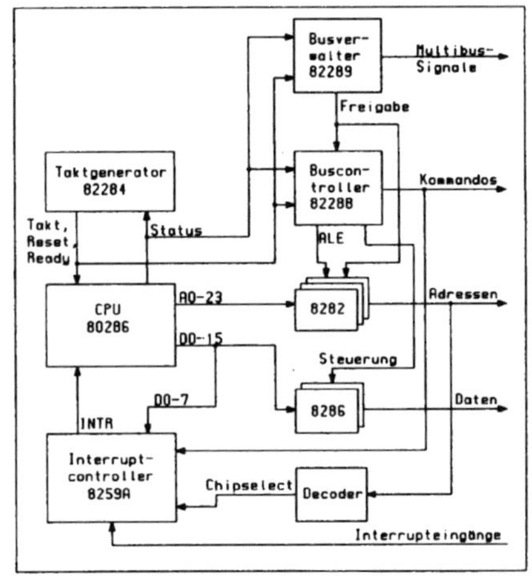

Bild 18 ***ZVE mit dem 80286 und einem Multibusinterface***

***Tafel 4** Statuskodierung des 80286 /8/*

M/IO	*S1*	*S0*	*Typ des Buszyklus*
0	*0*	*0*	***Interruptquittung***
0	*0*	*1*	***E/A-Lesezyklus***
0	*1*	*0*	***E/A-Schreibzyklus***
0	*1*	*1*	***Leerzyklus***
1	*0*	*0*	***Halt oder Abschaltung***
1	*0*	*1*	***Speicherlesezyklus***
1	*1*	*0*	***Speicherschreibzyklus***
1	*1*	*1*	***Leerzyklus***

4.1.3. Interruptsystem

Das Interruptsystem des 80286 unterscheidet sich nicht wesentlich von dem des 8086. Die CPU 80286 verfügt über zwei Interrupteingänge, einen maskierbaren INTR und einen nichtmaskierbaren NMI. Der maskierbare Eingang kann durch das Interruptflag im Flagregister gesperrt oder freigegeben werden. Wenn dieser Eingang freigegeben ist und aktiviert wird, führt der Prozessor zwei Interruptbestätigungszyklen durch. Während des zweiten Zyklus liest er auf dem niederwertigen Teil des Datenbusses einen 8-Bit-Vektor ein, durch den dann die Startadresse einer Unterbrechungsbehandlungsroutine in einer Tabelle ausgewählt wird. Gewöhnlich wird der Interruptvektor durch einen Interruptcontroller 8259A geliefert, der bis zu acht Interruptquellen parallel behandeln kann. Durch Kaskadierung können bis maximal 64 Interruptquellen bearbeitet werden. Der Interruptcontroller 8259A arbeitet im 80286-System genauso wie im System 8086.
Bei Aktivierung des nichtmaskierbaren Interrupteingangs NMI werden keine Bestätigungszyklen durchgeführt, und es wird kein Vektor eingelesen. Dadurch ist die Reaktionszeit sehr kurz. Es kann allerdings auch nur eine Behandlungsroutine für diesen Interrupt geben.

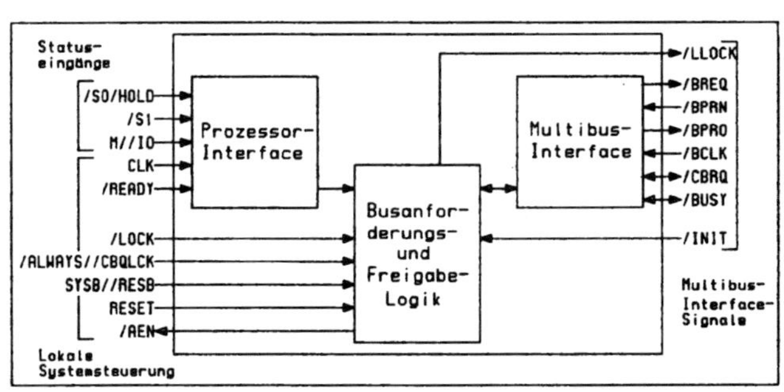

Bild 17 ***Blockschaltbild Busverwalter 82289 /3/***

Fortsetzung siehe S. 211

Programmieren mit MACRO-SM

Teil V
Dr. Thomas Horn
Informatikzentrum des Hochschulwesens an der Technischen Universität Dresden

5.4. Datenformate

Adressen

Adressen werden wie vorzeichenlose ganze Zahlen (natürliche Zahlen) im Wortformat (16 Bit) gespeichert und verarbeitet. Durch die 16-Bit-Adressen ist der virtuelle Adreßraum auf 64 KByte beschränkt.

Intergerzahlen

Integerzahlen sind ganze Zahlen (mit Vorzeichen) im
- Byteformat (B) – 8 Bit
- Wortformat (I) – 16 Bit
- Langwortformat (L) – 32 Bit.

Grundsätzlich stehen alle arithmetischen und logischen Operationen für Integer-Zahlen im Wortformat zur Verfügung. Mit Ausnahme der Befehle für die arithmetischen Grundoperationen stehen auch alle Befehle für das Byteformat zur Verfügung. Für das Langwortformat ist nur ein Verschiebebefehl realisiert. Im Befehlssatz des FPP sind aber Konvertierungsbefehle zur Umwandlung in das D-Format vorhanden, so daß das L-Format effektiv über den FPP verarbeitet werden kann.
Ein Überlauf bei der Verarbeitung von Integerzahlen wird durch das V-Bit im Prozessorstatuswort (**PS**) angezeigt.

Natürliche Zahlen

Natürliche Zahlen sind ganze Zahlen ohne Vorzeichen im Byte- oder Wortformat. Für die Verarbeitung stehen die gleichen arithmetischen und logischen Befehle wie bei den Integerzahlen zur Verfügung. Ein auftretender Übertrag wird im C-Bit des **PS** angezeigt.

Gleitkommazahlen

Gleitkommazahlen werden durch FPP im
- F-Format (32 Bit) und
- D-Format (64 Bit)

verarbeitet. Es stehen umfangreiche arithmetische und Konvertierungsbefehle zur Verfügung. Bei Anlagen mit FIS sind nur 4 Befehle für das F-Format realisiert.
Eine Übersicht über die internen Darstellungen der Datenformate des SKR ist auf Seite 112 (MP 4/88) abgebildet.

5.5. Der Basisbefehlssatz des SKR

Der Basisbefehlssatz des SKR stellt den Standardbefehlsvorrat dar. Bei der Erläuterung der Befehle werden folgende Abkürzungen benutzt:

Mnemonischer Befehl

D – Ausdruck für die Adresse des Zieloperanden
S – Ausdruck für die Adresse des Quelloperanden
R – Registerausdruck
N – numerischer Ausdruck

numerischer Operationskode

DD – Zieloperandenfeld (6 Bit)
SS – Quelloperandenfeld (6 Bit)
R – Registerangabe (3 Bit)
XXX – Verschiebung (8 Bit), −128 bis +127
N – numerischer Wert (3 Bit)
NN – numerischer Wert (6 Bit)
NNN – numerischer Wert (8 Bit)

Operationsbeschreibung

d – Zieloperand
s – Quelloperand
r – Registerinhalt
(...) – Inhalt von ...
:= – Ergibtzeichen
+ – Addition
− – Subtraktion, Vorzeichen (Zweierkomplement)
* – Multiplikation
/ – Division
~ – logische Negation (Einerkomplement)
∧ – logisches UND
∨ – inklusives logisches ODER
∀ – exklusives logisches ODER

Zu jedem Befehl wird die Aktualisierung der Flagbits des Prozessorstatusregisters (**PS**) angegeben, wobei folgende Symbolik verwendet wird:

* – wird entsprechend dem Ergebnis gesetzt oder gelöscht
– – wird nicht beeinflußt
0 – wird gelöscht
1 – wird gesetzt.

Das Setzen bzw. Löschen der Flagbits erfolgt, falls nicht anders angegeben, nach folgenden Grundregeln:

1. Das N- Bit (negtiv) wird dem Vorzeichenbit des Resultates entsprechend gesetzt (höchstwertiges Bit).
2. Das Z-Bit (zero) wird gesetzt, wenn alle Bits des Ergebnisses Null sind, anderenfalls wird es gelöscht.
3. Das V-Bit (overflow) wird bei einem arithmetischen Überlauf gesetzt (Verletzung des Zahlenbereiches der ganzen Zahlen).
4. Das C-Bit (carry) wird bei einem Übertrag gesetzt (Verletzung des Zahlenbereiches der natürlichen Zahlen).

Wenn zu einem Wortverarbeitungsbefehl ein äquivalenter Byteverarbeitungsbefehl realisiert ist, so erfolgt unter Angabe der Mnemonik beider Befehle die Abhandlung gemeinsam. Ein Byteverarbeitungsbefehl ist im mnemonischen Operationskode durch ein nachgestelltes „**B**" gekennzeichnet.

5.5.1. *Allgemeine Befehle*

CLR *D* **0050*DD*** *d*:=0 **Löschen** **N Z V C**
CLRB *D* **1050*DD*** (Clear) **0 1 0 0**
Der Zieloperand wird gelöscht.

COM *D* **0051*DD*** *d*:=~*d* **Komplement** **01
COMB *D* **1051*DD*** (Complement)
Der Zieloperand wird logisch komplementiert (Einerkomplement), d. h., jede Binärziffer wird negiert. Das C-Bit wird gesetzt!

INC *D* **0052*DD*** *d*:=*d*+1 **Inkrement** ***–
INCB *D* **1052*DD*** (Increment)
Zum Zieloperanden wird eine 1 addiert. Das C-Bit wird nicht verändert!

DEC *D* **0054*DD*** *d*:=*d*−1 **Dekrement** ****
DECB *D* **1054*DD*** (Decrement)
Vom Zieloperanden wird eine 1 subtrahiert. Das Bit wird nicht verändert!

NEG *D* **0053*DD*** *d*:=−*d* **Negation** ****
NEGB *D* **1053*DD*** (Negate)
Vom Zieloperanden wird das Zweierkomplement gebildet (Subtraktion von 0). Das V-Bit wird gesetzt, wenn die größte negative Zahl negiert wird, da sie kein positives Äquivalent hat und die Operation nicht ausgeführt werden kann. Das C-Bit wird prinzipiell mit einer Ausnahme gesetzt, wenn der Wert Null negiert wird.

TST *D* **0057*DD*** *d*−0 **Test** **00
TSTB *D* **1057*DD*** (Test)
Der Zieloperand wird getestet, wobei N- und Z-Bit entsprechend gesetzt oder gelöscht werden.

SWAB *D* **0003*DD*** **Vertauschen der Bytes** (Swap bytes) **00
Höher- und niederwertiges Byte des Zieloperanden werden miteinander vertauscht. Die Zieladresse muß eine Wortadresse sein. Das N-Bit wird gesetzt, wenn im Ergebnis das Vorzeichen des niederwertigen Bytes (Bit 7) Eins ist. Das Z-Bit wird gesetzt, wenn im Ergebnis das niederwertige Byte Null ist.

MOV *S,D* **01*SSDD*** *d*:=*s* **Transport** **0–
MOVB *S,D* **11*SSDD*** (Move)
Der Quelloperand wird auf die Zieladresse transportiert. Der Quelloperand und das C-Bit bleiben unverändert. Das N- und Z-Bit werden entsprechend dem transportierten Operanden gesetzt. Bei MOVB mit Registeradressierung für die Zieladresse ist zu beachten, daß das höherwertige Byte mit dem Vorzeichen des geladenen niederwertigen Bytes gefüllt wird (Sign extension).

CMP *S,D* **02*SSDD*** *s*−*d* Vergleich ****
CMPB *S,D* **12*SSDD*** (Compare)
Vergleich des Quelloperanden mit dem Zieloperanden durch Subtraktion des Zieloperanden vom Quelloperanden. Die Operanden bleiben unverändert. Das V-Bit wird bei einem arithmetischen Überlauf gesetzt (siehe **SUB**-Befehl). Das C-Bit wird bei einem Übertrag vom höchstwertigen Bit gesetzt. Beim Vergleich von natürlichen Zahlen ist das C-Bit gesetzt, wenn der Quelloperand kleiner als der Zieloperand ist.

5.5.2. *Arithmetische Befehle (Festkomma)*

ADD *S,D* *06SSDD* *d*:=*d*+*s* **Addition (Add)** ****
Der Quelloperand wird zum Zieloperanden addiert. Der Zieloperand wird dabei durch das Resultat überschrieben, der Quelloperand bleibt unverändert. Das C-Bit wird bei einem Übertrag vom höchstwertigen Bit gesetzt. Das V-Bit wird beim arithmetischen

Überlauf gesetzt (wenn beide Operanden das gleiche Vorzeichen haben und das Ergebnis das inverse Vorzeichen hat).

SUB *S,D* 16*SSDD* *d:=d−s* **Subtraktion** (Subtract) ****

Der Quelloperand wird vom Zieloperanden subtrahiert. Das C-Bit wird bei einem Übertrag vom höchstwertigen Bit gesetzt. Das V-Bit wird bei arithmetischem Überlauf gesetzt (Minuend und Subtrahend haben verschiedene Vorzeichen und das Vorzeichen des Resultats ist mit dem Vorzeichen des Subtrahenden identisch.

ADC *D* 0055*DD* *d:=d+C* **Addition** ****
ADCB *D* 1055*DD* **des C-Bits** (Add carry)

Das C-Bit wird zum Zieloperanden addiert.

SBC *D* 0056*DD* *d:=d−C* Subtrak- ****
SBCB *D* 1056*DD* tion des C-Bits (Subtract carry)

Das C-Bit wird vom Zieloperanden subtrahiert.

5.5.3. Logische Befehle

BIT *S,D* 03*SSDD* *s∧d Bit Testen* **0−
BITB *S,D* 13*SSDD* (Bit test)

Verknüpft die beiden Operanden konjunktiv und setzt entsprechend N- und Z-Bit. Die Operanden werden nicht verändert. Gewöhnlich werden durch den Befehl mittels einer Maske ein oder mehrere Bits des Zieloperanden getestet.

BIC *S,D* 04*SSDD* *d(:~S)∧d* **Bit** **0−
BICB *S,D* 14*SSDD* **Löschen** (Bit clear)

Es werden im Zieloperanden die Bits auf Null gesetzt, die im Quelloperanden (Maske) mit Eins belegt sind (Konjunktion mit negiertem Quelloperand).

BIS *S,D* 05*SSDD* *d:=s∨d* **Bit Setzen** **0−
BISB *S,D* 15*SSDD* (Bit set)

Es werden im Zieloperanden die Bits auf Eins gesetzt, die im Quelloperanden mit Eins belegt sind (Disjunktion).

5.5.4. Verschiebebefehle

ROR *D* 0060*DD* **Zyklische Rechts-** ****
RORB *D* 1060*DD* **verschiebung** (Rotate right)

Alle Bits des Zieloperanden werden um 1 Bit nach rechts verschoben. Das C-Bit wird in das höchstwertige Bit und Bit 0 in das C-Bit eingetragen (Bild 17).
Das V-Bit wird wie folgt gesetzt: V = N∀C. Damit zeigt das V-Bit an, daß der neue Wert des C-Bits gegenüber dem vorhergehenden geändert ist.

Bild 17 Zyklische Rechtsverschiebung

ROL *D* 0061*DD* **Zyklische Links-** ****
ROLB *D* 1061*DD* **verschiebung** (Rotate left)

Alle Bits des Zieloperanden werden um 1 Bit nach links verschoben. Das C-Bit wird in das Bit 0 und das höchstwertige Bit in das C-Bit eingetragen. Das V-Bit wird wie beim **ROR**-Befehl gesetzt (Bild 18).

ASR *D* 0062*DD* **Arithmetische** ****
ASRB *D* 1062*DD* **Rechtsverschiebung (Arithmetic shift right)**

Bild 18 Zyklische Linksverschiebung

Alle Bits des Zieloperanden werden um 1 Bit nach rechts verschoben. Das höchstwertige Bit bleibt unverändert. Bit 0 wird in das C-bit geladen. Dieser Befehl entspricht einer Division durch 2. Das V-Bit wird wie beim ROR-Befehl gesetzt (Bild 19).

Bild 19 Arithmetische Rechtsverschiebung

Hinweis:
Bei einem Byteverarbeitungsbefehl mit einem Registeroperanden bleibt das höherwertige Byte unverändert (Ausnahme: **MOVB**).

ASL *D* 0063*DD* **Arithmetische** ****
ASLB *D* 1063*DD* **Linksverschiebung (Arithmetic shift left)**

Alle Bits des Zieloperanden werden um 1 Bit nach links verschoben. Das höchstwertige Bit wird in das C-Bit geladen. In das Bit 0 wird eine Null geladen. Solange das V-Bit nicht gesetzt wird, entspricht die Operation einer Multiplikation mit 2. Das V-Bit wird wie beim **ROR**-Befehl gesetzt und zeigt eine Vorzeichenänderung an (Bild 20).

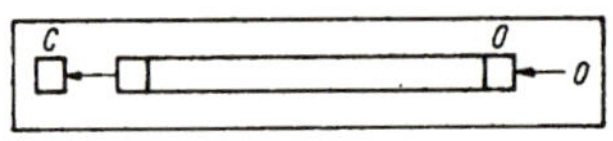

Bild 20 Arithmetische Linksverschiebung

5.5.5. Verzweigungsbefehle

Alle Verzweigungsbefehle sind 1-Wort-Befehle, die im niederwertigen Byte eine Wortverschiebung *XXX* (relative Adresse gemäß 5.3.3.) enthalten. Der Sprungbereich ist somit relativ zum aktualisierten **PC** (alter **PC** plus 2) −128 Worte rückwärts und +127 Worte vorwärts. Die Wortverschiebung wird im Befehlskode mit *XXX* dargestellt (*XXX = D* − **PC**).

Allgemeine Verzweigungsbefehle

BR *D* 000400+*XXX* unbedingt (Branch)
BNE *D* 001000+*XXX* bei ungleich Null (Branch if not equal) **Z=0**
BEQ *D* 001400+*XXX* bei gleich Null (Branch if equal) **Z=1**
BPL *D* 100000+*XXX* bei Plus (Branch if plus) **N=0**
BMI *D* 100400+*XXX* bei Minus (Branch if minus) **N=1**
BVC *D* 102000+*XXX* bei kein Überlauf (Br. if overflow clear) **V=0**
BVS *D* 102400+*XXX* bei Überlauf (Br. if overflow is set) **V=1**
BCC *D* 103000+*XXX* bei kein Übertrag (Br. if carry is clear **C=0**
BCS *D* 103400+*XXX* bei Übertrag (Br. if carry is set) **C=1**

Hinweis:
Die Anwendung von **BPL/BMI** nach dem **CMP/CMPB**-Befehl und anderen arithmetischen Befehlen führt bei Überschreitung des Wertebereiches zu Fehlern, da das C- bzw. V-Bit vom Verzweigungsbefehl nicht analysiert wird. In Abhängigkeit davon, ob die 16-Bit-Zahlen als ganze Zahlen oder natürliche Zahlen interpretiert werden, sollten die Verzweigungsbefehle der nachfolgenden Gruppen Anwendung finden.

Verzweigungsbefehle nach Operationen mit ganzen Zahlen

BGE *D* 002000+*XXX* bei größer oder gleich Null (Branch if greater than or equal) **N∀V=0**
BLT *D* 002400+*XXX* bei kleiner als Null (Branch if less than) **N∀V=1**
BGT *D* 003000+*XXX* bei größer als Null (Branch if greater than) **Z∨(N∀V)=30**
BLE *D* 003400+*XXX* bei kleiner oder gleich Null (Branch if less than or equal) **Z∨(n∀V)=1**

Diese Befehle werden immer nach arithmetischen Operationen mit ganzen Zahlen angewendet, da sonst nach einer möglichen Überschreitung des Wertebereiches falsch verzweigt wird.

Verzweigungsbefehle nach Operationen mit natürlichen Zahlen

BHI *D* 101000+*XXX* Bei größer (Branch if higher) **C∨Z=0**
BLOS *D* 101400+*XXX* bei kleiner oder gleich (Branch if lower or same) **C∨Z=1**
BHIS *D* 103000+*XXX* bei größer oder gleich (Branch if higher or same) **C=0**
BLO *D* 103400+*XXX* bei kleiner (Branch if lower) **C=1**

Diese Befehle werden nach arithmetischen Operationen mit natürlichen Zahlen (Adressen) angewendet, da sonst nach einer möglichen Überschreitung des Wertebereichs falsch verzweigt wird.

5.5.6. Sprungbefehle und Befehle zur Unterprogrammorganisation

JMP *D* 0001*DD* Unbedingter Sprung (Jump)

Der **JMP**-Befehl gestattet einen Sprung zu einer beliebigen Adresse, da außer der Registeradressierung alle Adressierungsmodifikationen zulässig sind. Die Zieladresse muß immer geradzahlig sein. Die Adressierungsmodikation 0 bewirkt einen Interrupt nach Adresse 000010 (Verbotener Befehl) und eine ungerade Adresse 000004 (Time out / Verbotene Adresse). Die Flags des PS werden nicht verändert.

Operation: **PC**:=*d*

JSR ***R,D* 004*RDD*** **Unterprogrammsprung** (unbedingt) (Jump to subroutine)

Der **JSR**-Befehl gestattet einen Sprung zu einem Unterprogramm mit einer bestimmten Anfangsadresse. Vor dem Sprung wird der alte PC-Inhalt in das Register R gerettet, um eine Rückkehr zum Hauptprogramm zu ermöglichen. Damit der Inhalt des Registers R nicht verloren geht, wird er zuvor in den Systemstack gerettet. Der Sprung wird dann analog dem **JMP**-Befehl ausgeführt.

Operation:

tmp:=*d* (Die Zieladresse wird berechnet und in ein internes temporäres Register gespeichert)
–**(SP)**:=*R* (Inhalt von R wird gerettet)
R:=**PC** (**PC** wird nach R gerettet)
PC:=***tmp*** (Sprung wird ausgeführt)

RTS ***R* 00020*R*** **Rücksprung aus dem Unterprogramm**

Vom Register *R* wird die Rücksprungadresse geladen. Der Inhalt des Registers *R* wird vom Stack geladen. Die Flags des **PS** werden nicht beeinflußt.

Operation: **PC**:=***R*** (Laden der Rücksprungadresse von *R)*
R:=**(SP)**+ (Laden des alten Registerinhaltes vom Stack)

5.5.7. Steuerbefehle

HALT **000000** **Halt**

Der Prozessor geht in den statischen Haltzustand. Die Datenanzeige des Bedienpultes gibt den Inhalt des Registers **R0** an. Die Adreßanzeige gibt die Adresse des nächsten Befehls an. Durch Drücken der Fortsetzungstaste (продолжать/Continue) kann das Programm fortgesetzt werden. Im Nutzer-Modus ruft der Befehl eine Unterbrechung hervor.

WAIT **000001** **Warten auf Interrupt** (Wait for interrupt)

Der Prozessor geht in den dynamischen Stop und erwartet ein Interrupt. Der **PC** zeigt auf den nächsten Befehl, so daß nach der Interruptbehandlungsroutine (**RTI**-Befehl) der nächste Befehl nach **WAIT** ausgeführt werden kann. Im Nutzermodus wird der Befehl als **NOP**-Befehl ausgeführt.

RESET **000005** **Rücksetzen des externen Busses** (Reset external Bus)

Der Prozessor sendet auf den Einheitsbus für 10 ms das Signal INIT. Dadurch werden alle Geräte in ihren Grundzustand rückgesetzt. Im Nutzermodus wird der Befehl als **NOP**-Befehl ausgeführt.

RTI **000002** **Rückkehr von der Interruptbehandlungsroutine** (Return from Interrupt)

PC und **PS** werden vom Systemstack geladen. Es wird der Rücksprung in das unterbrochene Programm organisiert sowie der alte Flagzustand eingestellt.

Operationen:

PC:=**(SP)**+ (Laden der Rücksprungadresse aus dem Systemstack)
PS:=**(SP)**+ (Laden des alten PS aus dem Systemstack)

RTT **000006** **Rückkehr von der Trapbehandlungsroutine** (return from trap)

Der Befehl wird wie der RTI-Befehl ausgeführt. Der Unterschied ist, daß der **RTT**-Befehl den T-Bit-Trap blockiert, so daß es bei gesetztem T-Bit im **PS** erst nach dem nächsten Befehl wirksam wird. Beim **RTI**-Befehl würde der T-Bit-Trap sofort wirksam werden. Dieser Befehl ist ein Zusatzbefehl für Rechner mit Hauptspeicherverwaltungseinheit. Bei Rechenanlagen vom Typ SM3 wird der T-Bit-Trap auch beim **RTI**-Befehl erst nach einem Befehl wirksam.

NOP **000240** **Keine Operation** (No operation)
CLC **000241** Löschen des C-Bits (Clear C)
CLV **000242** Löschen des V-Bits (Clear V)
CLZ **000244** Löschen des Z-Bits (Clear Z)
CLN **000250** Löschen des N-Bits (Clear N)
CCC **000257** Löschen aller Flags (Clear all condition codes)
SEC **000261** Setzen des C-Bits (Set C)
SEV **000262** Setzen des V-Bits (Set V)
SEZ **000264** Setzen des Z-Bits (Set Z)
SEN **000270** Setzen des N-Bits (Set N)
SCC **000277** Setzen aller Flags (Set all condition codes)

Die letzten vier Bits der Operationskodes stimmen der Bedeutung nach mit den Flagbits des **PS** überein. Es ist deshalb möglich, numerische Operationskodes zum Löschen/Setzen von zwei bzw. drei Flags zu bilden, die vom Assembler nicht unterstützt werden, z. B.:

000256 Löschen vom **V**-, **Z**- und N-Bit

EMT **N** **104000**+***NNN*** **Emulatortrap Befehl**
TRAP **N** **104400**+***NNN*** **Trap-Befehl**

Beide Befehle rufen eine synchrone Unterbrechung (Trap) hervor und werden gleich ausgeführt.

Operation:

–**(SP)**:=**PS** (Retten des alten **PS**)
–**(SP)**:=**PC** (Retten der Rücksprungadresse)
PC:=**(*IV*)** (Laden der Adresse der Trap-Behandlungsroutine vom Interruptvektor ***IV***)
PS:=**(*IV*+2)** (Laden des neuen PS vom Interruptvektor ***IV***+2)

Der Interruptvektor für den **EMT**-Befehl steht auf Adresse 30(8) und für den **TRAP**-Befehl auf Adresse 34(8). Der **EMT**-Befehl ist für die Systemsoftware reserviert und darf vom Anwenderprogrammierer nicht benutzt werden. Der **TRAP**-Befehl steht für die allgemeine Verwendung zur Verfügung.

BPT **000003** **Trap-Befehl für Unterbrechungspunkte** (Breakpoint trap)

Dem **EMT**- und **TRAP**-Befehl entsprechend ruft dieser Befehl eine synchrone Unterbrechung hervor. Der Interruptvektor für den **BPT**-Befehl steht auf der Adresse 14(8). Der T-Bit-Trap nutzt den gleichen Interruptvektor. Der **BPT**-Befehl und der T-Bit-Trap werden vom Testhilfesystem ODT des Betriebssystems genutzt.

IOT **000004** **Trap-Befehl für die Ein- und Ausgabe** (I/O-Trap)

Der **IOT**-Befehl wird dem **EMT**- und **TRAP**-Befehl entsprechend ausgeführt. Sein Interruptvektor steht auf der Adresse 20(8).
Er wurde vom E/A-Ruf der Lochbandsoftware genutzt.

MFPI ***S* 0065*SS*** **Transport vom vorhergehenden Befehlsadreßraum** (Move from previous Instruction Space) **0–

Der Befehl ist ein Zusatzbefehl bei Rechnern mit Hauptspeicherverwaltungseinheit. Er gestattet das Lesen von einzelnen Worten aus dem vorhergehenden Befehlsadreßraum. Das gelesene Wort wird in den Stack geschrieben.

Operation:
tmp :=*S*
–**(SP)** :=*tmp*

Die Befehls- und die Stackadresse werden entsprechend dem aktuellen Satz der Segmentadreßregister (Bit 14, 15 des **PS**) auf den physischen Speicher abgebildet, während für die Quelladresse der Segmentadreßregistersatz gemäß Bit 12, 13 des **PS** genutzt wird.

MTPI ***D* 0066*DD*** **Transport in den vorhergehenden Befehlsadreßraum** (Move to previous Instruction Space) **0–

Der Befehl ist die Umkehrung des **MFPI**-Befehls. Er gestattet das Schreiben von einzelnen Worten in den vorhergehenden Befehlsadreßraum. Das zu schreibende Wort wird aus dem Stack gelesen:

Operation:
tmp := **(SP)**+
D :=*tmp*

Die Befehls- und die Stackadresse werden entsprechend dem aktuellen Satz der Segmentadreßregister (Bit 14, 15 des PS) auf den physischen Speicher abgebildet, während für die Zieladresse der Segmentadreßregistersatz gemäß Bit 12, 13 des **PS** genutzt wird.

SPL ***N* 00023*N*** **Setzen der Priorität** (Set priority level) ––––

Der Befehl ist ein Zusatzbefehl beim K 1620 und bei der Elektronika-60. Die niederwertigen drei Bits des Befehls werden als Prozessorpriorität in das **PS** geladen. Im Nutzermodus wird der Befehl als **NOP**-Befehl ausgeführt.

MFPS ***D* 1067*DD*** **Speichern des PS** (Move byte from Processor status word) **0–

Der Befehl ist ein Zusatzbefehl des K 1620 und der Elektronika-60. Die niederwertigen 8 Bits des PS werden unter der Zieladresse abgespeichert. Die Zieladresse wird als Byteadresse interprtiert. Das Z-Bit wird gesetzt, wenn alle Bits im niederwertigen Byte des **PS** null sind.

MTPS ***S* 1064*SS*** **Laden des PS** (Move byte to processor status word) ****

Der Befehl ist ein Zusatzbefehl des K 1620 und der Elektronika-60. Die Bit 0–3 des Quelloperanden werden in das **PS** geladen. Die Quelloperandenadresse wird als Byteadresse interpretiert. Das T-Bit kann mit diesem Befehl nicht gesetzt werden.

5.6. Der erweiterte Befehlssatz des SKR

MUL *S,R* 070*RSS* (*R,R*∨1):=*r*∗*s* ∗∗0∗
Multiplikation (Multiply)

Es werden zwei ganze Zahlen (16-Bit) multipliziert, wobei ein 32-Bit-Produkt entsteht. Wenn *R* geradzahlig ist, wird im geradzahligen Register der höherwertige Teil des Produkts und im darauffolgenden ungeradzahligen Register der niederwertige Teil gespeichert. Wenn *R* ungeradzahlig ist, so wird nur der niederwertige Teil des Produkts gespeichert. Das C-Bit wird gesetzt, wenn das Ergebnis mehr als 15stellig wird (Das C-Bit muß, vorher gelöscht werden!).

Beispiele:

```
MOV ALPHA,R0   ;LADEN DES ERSTEN FAKTORS
MUL M0,R0      ;MULTIPLIZIEREN MIT K0
               ;ERGEBNIS IN R0,R1
CLC            ;LOESCHEN DES C-BITS
MOV FELD(R5),
            R3 ;LADEN DES
               ;ERSTEN FAKTORS
MUL FELD+2
       (R5),R3 ;MULTIPLIZIEREN
BCS FEHLER     ;---→ UEBERLAUFFEHLER
```

Hinweis:
Bei den Zusatzbefehlen **MUL**, **DIV**, **ASH** und **ASHC** ist die Operandenfolge im Assemblerformat gegenüber dem numerischen Maschinenbefehl vertauscht.

DIV *S,R* 071*RSS* (*R,R*+1):=(*R,R*+1)/s ∗∗∗∗
Division (Divide)

Es wird ein 32stelliger Dividend (Ganze Zahl) durch einen 16stelligen Divisor dividiert. Der Quotient (16 Bit) wird im Register *R* und der Divisionsrest im Register *R*+1 gespeichert. Der Rest hat das gleiche Vorzeichen wie der Dividend. Das Register *R* muß immer geradzahlig sein. Das V-Bit wird gesetzt, wenn der Divisor 0 ist oder der Quotient größer als 15 Bit wird. Das C-Bit wird gesetzt, wenn durch 0 dividiert werden soll, anderenfalls wird es gelöscht.

Beispiele:

```
CLR R2           ;BEI NATUERLICHEN
                 ;ZAHLEN ZULÄSSIG
MOV #5000.,R3    ;LADEN DES DIVIDENDEN
DIV K2,R2        ;DIVIDIEREN DURCH K2
..
MOV
     GAMMA,R3    ;LADEN DES
                 ;16-BIT-DIVIDENDEN
                 ;(GANZZAHLIG)
SXT R2           ;LADEN R2 MIT
                 ;VORZEICHEN VON R3
DIV 10.,R2       ;DIVIDIEREN DURCH 10.
```

SXT *D* 0067*DD* **Vorzeichen ausdehnung** (Sign extension) –∗0–

Bei N=0 wird der Zieloperand gelöscht. Bei N=1 wird der Zieloperand auf −1 gesetzt. Dieser Befehl wird insbesondere bei zur Umwandlung einer ganzen Zahl aus dem Wortformat in das Doppelwortformat benutzt (Beispiel siehe **DIV**-Befehl).

XOR *R,D* 074*RDD* *d*:=*r*∀*d* **Exclusives ODER** (Exclusive OR) ∗∗0–

Der Registerinhalt und der Zieloperand werden nach der Funktion „Exklusiv-ODER" (Antivalenz) verknüpft und das Resultat unter der Zieladresse gespeichert.

Beispiel:

```
XOR      R2,SYM0
vorher:  (R2)=0123757 (SYM0)=0137744 1 0 1 1
nachher: (R2)=0123757 (SYM0)=0014013 0 0 0 1
```

ASH *S,R* 072*RSS* **Arithmetische Verschiebung** (Arithmetic shift) ∗∗∗∗

Das Register *R* wird arithmetisch nach rechts oder links verschoben, wobei die Richtung und die Anzahl der Verschiebeschritte durch die 6 niederwertigen Bits des Quelloperanden festgelegt werden. Die artihmetische Verschiebung wird analog dem ASR/ASL-Befehl durchgeführt. Das C-Bit enthält immer das letzte herasusgeschobene Bit. Das V-Bit wird gesetzt, wenn während der Linksverschiebung ein Vorzeichenwechsel eintritt. Ein positiver Quelloperand bewirkt eine Linksverschiebung und ein negativer eine Rechtsverschiebung. Der Wertevorrat des Quelloperanden liegt im Bereich von −32. bis +31.

Beispiele:

```
ASH #4,R2       ;LINKSVERSCHIEBUNG
                ;UM 4 BIT
ASH SHIFT,R0    ;DIE VERSCHIEBUNG
                ;VON R0 WIRD DURCH DEN
                ;INHALT VON SHIFT DEFINIERT
```

ASHC *S,R* 073*RSS* **Kombinierte arithmetische Verschiebung** (Arithmetic shift combined) ∗∗∗∗

Wenn *R* geradzahlig ist, wird das Doppelregister *R,R*+1 analog dem **ASH**-Befehl verschoben. Es erfolgt ein Übertrag zwischen Bit 15 von *R*+1 und Bit 0 von *R* und umgekehrt. (Weitere Hinweise siehe ASH-Befehl.) Wenn *R* ungeradzahlig ist, wird das ungeradzahlige Register entsprechend dem Wert des Quelloperanden zyklisch (über 16 Bit) verschoben; da ein direkter Übertrag zwischen Bit 0 und Bit 15 besteht. Das C-Bit enthält den letzten Übertrag zweischen beiden Bits. Das V-Bit wird bei Vorzeichenwechsel gesetzt.

Beispiel:

```
ASHC #-5,R4     ;(R4,R5) WERDEN UM 5 BIT
                ;NACH RECHTS VERSCHOBEN
                ;DIVISION DURCH 32
ASCH (R2)+,R1   ;R1 WIRD ZYKLISCH VER-
                ;SCHOBEN (R2)+ LEGT RICH-
                ;TUNG UND ANZAHL FEST
```

MARK *N* 0064*NN* **Unterprogramm-Rücksprungunterstützung** (Mark) ––––

Dieser Befehl wird durch die Standardunterprogramme benutzt. Er gestattet die Säuberung des Stacks und hilft bei der Organisation des Rücksprungs. Der Wert *NN* im Befehlskode gibt die Anzahl der im Stack zu löschenden Parameter an.

Operation:

SP:=PC+2∗*NN*	(Laden der Adresse des alten Inhaltes des Registers **R5)**
PC:=R5	(Laden der Rücksprungadresse aus **R5)**
R5:=(SP)+	(Laden des **R5** mit dem alten Inhalt)

N Z V C

Beispiele:

```
        MOV R5,-(SP)       ;DEN INHALT
                           ;VON R5 RETTEN
        MOV P1,-(SP)       ;LADEN VON N
                           ;PARAMETER FUER DAS
        MOV P2,-(SP)       ;UNTERPROGRAMM
                           ;IN DEN STACK
        ...
        MOV PN,-(SP)
        MOV AMRKN,-(SP)    ;LADEN DES BEFEHLS
                           ;MARK N IN DEN STACK
        MOV SP,R5          ;LADEN DER ADRESSE
                           ;DES MARK-BEFEHLS
        ...
        JSR PC, UPN        ;AUSFUEHREN DES UP
AMRKN:  MARK N             ;DEFINITION DES
                           ;MARK-BEFEHLS
        ...
UPN:    ...                ;ANFANG DES UP
        ...
        RTS R5             ;RUECKSPRUNG INS
                           ;HAUPTPROGRAMM
```

Bei dem **RTS-R5**-Befehl erfolgt der Sprung in den Stack zur Ausführung des **MARK**-Befehls. Dabei wird in **R5** aus dem Stack die Rücksprungsadresse geladen. Beim **MARK**-Befehl erfolgen dann die Korrektur des **SP** auf die Adresse vor der Rücksprungadresse und das Wiederherstellen des alten Inhaltes von **R5**.

SOB *R,D* 077*RNN* **Zyklusbefehl** (Subtract one and branch) N Z V C

Mit dem **SOB**-Befehl lassen sich kleinere Schleifen organisieren. Vom Register *R* wird eine Eins subtrahiert. Wenn das Ergebnis ungleich Null ist, ist die Schleife noch nicht beendet und die Verschiebung wird doppelt vom **PC** subtrahiert (Wortverschiebung!). Es ist somit nur ein Rückwärtssprung um max. 63 Worte möglich.

Beispiel:

```
     MOV #20.,R1   ;20. DURCHLAEUFE
2○:  ...           ;BEGINN DER SCHLEIFE
     ...
     SOB R1,2○     ;TEST AUF SCHLEIFEN-
                   ;ENDE
```

Der vorliegende MP-Kurs versuchte eine Einführung in die Makroassemblersprache MACRO-SM für die Klein- und Mikrorechner des SKR zu geben. Im Abschnitt 5 wurde vor allem auf die Adressierungsarten sowie die Basisbefehle und den erweiterten Befehlssatz eingegangen, die von den meisten Mikroprozessorschaltkreisfamilien realisiert werden. Nicht eingegangen werden konnte auf die 46 Befehle des Gleitkommaprozessors, über den die meisten Kleinrechenanlagen verfügen. Hierzu sei auf die einschlägige Fachliteraturr (Teil I) und die Dokumentationen verwiesen. Auch mußte leider aus Platzgründen auf das eingangs angekündigte abschließende Programmierbeispiel verzichtet werden.

Schluß

Fortsetzung von S. 206

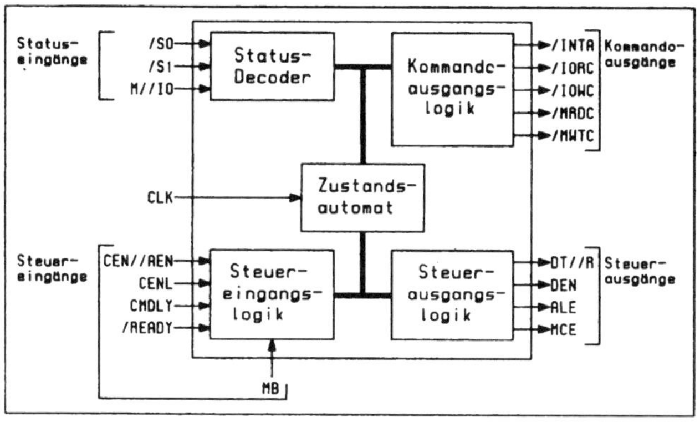

Bild 19 ***Blockschaltbild Buscontroller 82288 /12/***

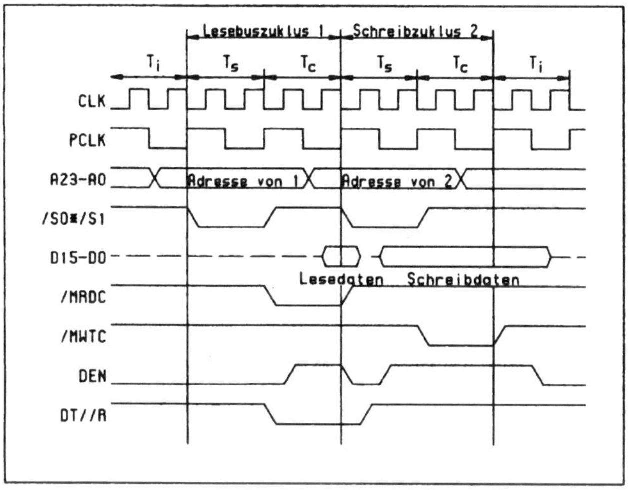

Bild 20 ***Taktdiagramm des 80286 /8/***

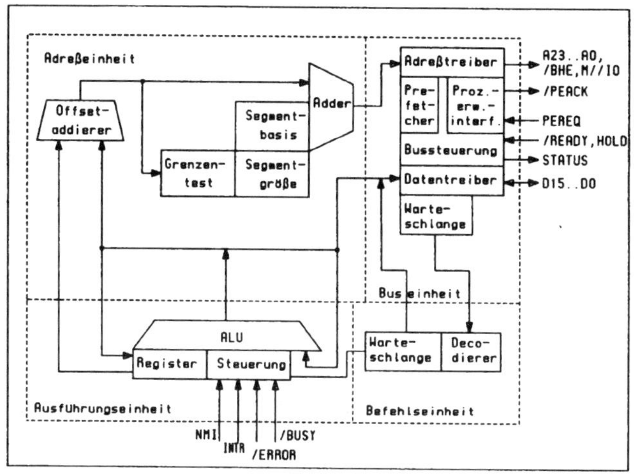

Bild 21 ***Blockschaltbild des 80286 /9/***

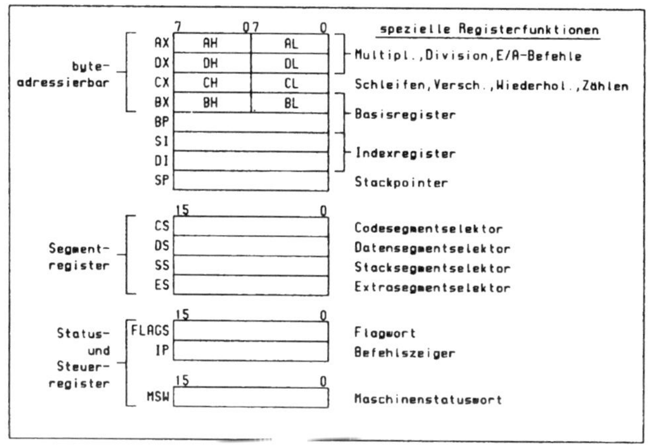

Bild 22 ***Registersatz des 80286 /8/***

Weiterhin gibt es auch beim 80286 die Möglichkeit von Softwareinterrupts und einige der Interrupts sind für Befehlsausnahmen reserviert. Neben den Befehlsausnahmen des 8086 und 80186 gibt es beim 80286 einige zusätzliche, die in Tafel 5 aufgeführt sind.

4.2. Die CPU 80286

Gegenüber dem 8086 wurden beim 80286 besonders die Architektur und die Adressierung verbessert. Geringfügige Veränderungen erfolgten auch am Befehlssatz.

4.2.1. Architektur

In der Architektur des 80286 erfolgten wesentliche Verbesserungen gegenüber dem 8086.

Man kann intern vier selbständige Funktionsblöcke unterscheiden, die weitgehend parallel arbeiten und durch ein inneres Bussystem miteinander in Verbindung stehen (Bild 21).

Tafel 5 Zusätzliche Befehlsausnahmen des 80286 /8/

Int.-Nummer	*Funktion*
7	*Koprozessor nicht vorhanden*
8	*Doppelfehler*
9	*Koprozessor-Segmentüberlauf*
10	*ungültiges Taskzustandssegment (TSS)*
11	*Segment nicht präsent*
12	*Stacksegmentfehler*
13	*allgemeine Privilegverletzung*
16	*Koprozessorfehler*

Als erster Funktionsblock ist da die Buseinheit zu nennen, die beim 8086 schon in ähnlicher Form existierte. Die Buseinheit steuert alle Zugriffe des Prozessors auf den externen Bus. Dabei bestehen Prioritäten zwischen verschiedenen internen und externen Busanforderungen. Falls der externe Bus nicht durch andere Aktivitäten belegt ist, füllt die Buseinheit die sechs Byte lange Codewarteschlange mit Befehlen auf.

Der zweite Funktionsblock im 80286 ist die Befehlseinheit. Diese Einheit holt die Bytes aus der Codewarteschlange, faßt sie zu Befehlen zusammen und decodiert die Befehle. Außerdem werden die Befehle noch vorverarbeitet und in einer drei Einträge langen Befehlswarteschlange abgelegt.

Als weiterer Funktionsblock wäre die Ausführungseinheit zu nennen. Hier erfolgt die eigentliche Abarbeitung der Befehle, die sich in der Befehlswarteschlange befinden. Dazu enthält die Ausführungseinheit eine ALU, den Registersatz und einen Mikrocode-ROM mit insgesamt 1536 Worten zu je 35 Bit.

Der letzte Funktionsblock im 80286 ist schließlich die Adreßeinheit. Die Adreßeinheit übernimmt alle Adreßrechnungen im 80286. Sie berechnet zum Beispiel den Offset, vergleicht ihn mit der Segmentlänge, prüft die Zugriffsrechte und bildet schließlich die physische Adresse, die an den Adreßpins erscheint.

Das interne Bussystem, das alle Einheiten im 80286 verbindet, ist 16 Bit breit.

4.2.2. Registersatz

Der allgemeine Registersatz des 80286 entspricht dem des 8086 (Bild 22).

Er besteht aus acht Registern von 16 Bit Breite, die sowohl Daten als auch Adressen enthalten können. Einige Register haben noch spezielle Funktionen. Befehlszeiger, Segmentregister und Flagregister sind ebenfalls identisch, nur wurden beim 80286 einige der beim 8086 unbenutzten Flags belegt. Diese Flags haben im einzelnen folgende Bedeutung:

– **NT**: Nested Task Flag; steuert Funktion des IRET-Befehls, bei NT = 1 wird Taskumschaltung ausgelöst

– **IOPL**: E/A-Privilegniveau; legt Privilegniveau für E/A-Befehle fest.

Ein zusätzliches 16-Bit-Register ist das Maschinenstatuswort (MSW), das vorwiegend der Zusammenarbeit mit Koprozessoren dient. Weiterhin gibt es beim 80286 eine ganze Anzahl Systemadreßregister, auf deren Aufgaben in Zusammenhang mit der Adressierung eingegangen wird.

4.2.3. Adressierung

Bei der Adressierung des 80286 muß man zwei verschiedene Betriebsarten unterscheiden. Die eine Betriebsart ist der Real-Adreß-Mode. In dieser Betriebsart arbeitet der 80286 als schneller 8086 und ist vollständig objektcodekompatibel, so daß hier auf diese Betriebsart nicht weiter eingegangen wird.

Die Hauptbetriebsart des 80286 ist der Protected-Mode, bei dem erst alle Vorzüge des Prozessors zur Geltung kommen. Darum soll diese Betriebsart auch im Mittelpunkt der weiteren Betrachtungen stehen. Der Übergang vom Real-Adreß-Mode in den Protected-Mode erfolgt mit einem speziellen Befehl, eine Rückkehr ist nur durch Reset möglich. Im Protected-Mode wird mit virtuellen Adressen, Speicherverwaltung und Speicherschutz gearbeitet. Der physische Adreßbereich kann maximal 16 MByte groß sein, der virtuelle ein GByte. Der Speicher ist in Segmente unterteilt, die zwischen einem Byte und 64 Byte groß sein können.

4.2.3.1. Adressierungsarten

Die logischen Adressierungsarten, über die der Programmierer verfügen kann, sind beim 80286 identisch zum 8086. Es gibt also genauso die Möglichkeiten der Basisadressierung, Indexadressierung und Basis-Indexadressierung im Protected-Mode. Das bedeutet, daß der Prozessor im Protected-Mode quellcodekompatibel für 8086-Software ist.

4.2.3.2. Wandlung der logischen in die physische Adresse

Die Bildung der physischen Adresse aus der logischen erfolgt im Protected-Mode des 80286 auf der Grundlage der Speichersegmentierung. Jedem Segment ist dabei ein Segmentdeskriptor zugeordnet, der bestimmte Informationen über das Segment enthält (Bild 23).
Im einzelnen gibt der Deskriptor Auskunft über Typ, Privilegniveau, Anfangsadresse und Länge des Segments. Die physische Adresse wird gebildet, indem zu der Segmentanfangsadresse aus dem Deskriptor der Offset hinzuaddiert wird. Der gewünschte Segmentdeskriptor wird durch den Segmentselektor, der sich in einem Segmentregister befindet, aus einer Deskriptortabelle im Speicher ausgewählt. Bild 24 zeigt die Wandlung der logischen in die physische Adresse.
Von den Deskriptortabellen gibt es insgesamt drei Arten:

- die globale Deskriptortabelle (GDT),
- die Interruptdeskriptortabelle (IDT) und
- die lokale Deskriptortabelle (LDT).

Die globale Deskriptortabelle enthält die Deskriptoren aller derjenigen Segmente, die allen Tasks zugeordnet sind. Ihre Anfangsadresse und Länge enthält ein Systemadreßregister (GDTR), weshalb sie beliebig im Speicher lokalisiert werden kann. Sie kann maximal 8192 Deskriptoren enthalten.
Die Interruptdeskriptortabelle bestimmt die Startadressen der bis zu 256 Interruptbehandlungsroutinen. Der gewünschte Deskriptor wird durch den 8-Bit-Interruptvektor ausgewählt. Anfangsadresse und Länge der IDT sind wiederum in einem Systemadreßregister (IDTR) enthalten.
Die lokale Deskriptortabelle enthält die Deskriptoren der Segmente, die nur einer Task zugeordnet sind. Jede Task besitzt eine eigene LDT, die erst beim Start der Task geladen werden muß. Jede LDT ist ein Segment, dem ein LDT-Deskriptor zugeordnet ist. Dieser LDT-Deskriptor muß in der GDT enthalten sein. Ein Systemadreßregister (LDTR) enthält immer den Selektor, der auf den aktuellen LDT-Deskriptor in der GDT verweist. Beim Laden dieses Registers werden Anfangsadresse und Länge der LDT in Cacheregister geholt.
Zur Beschleunigung der Adreßumwandlung sind auch jedem Segmentregister Cacheregister zugeordnet, die beim Wechsel des Segmentregisterinhaltes mit dem Inhalt des zugehörigen Deskriptors geladen werden.

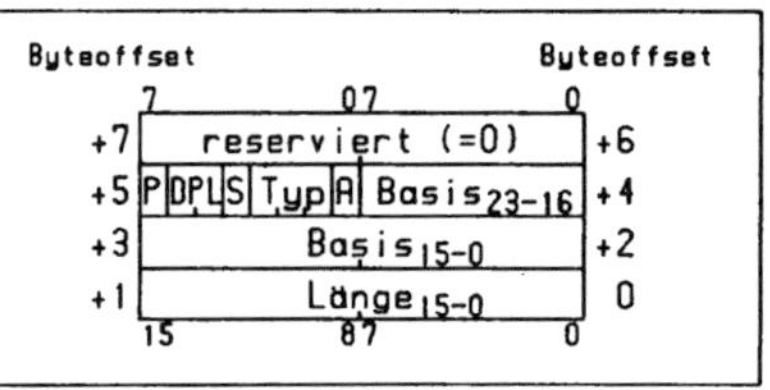

Bild 23 Segmentdeskriptor des 80286 /8/

4.2.3.3. Multitaskingunterstützung

Um ein Multitasking- und Multiusersystem zu implementieren, ist es notwendig, daß der Zielrechner auch über Möglichkeiten verfügt, um Speicherbereiche und Tasks gegeneinander zu isolieren und einen schnellen Taskwechsel vorzunehmen. Der Prozessor 80286 unterstützt dies bereits hardwaremäßig.
Zur Isolation der Task dienen schon die lokalen Deskriptortabellen jeder Task.
Um Segmente vor unerlaubtem Zugriff zu schützen, existieren beim 80286 vier Privilegniveaus, von 0 bis 3 (siehe Bild 25).
Durch diese Einrichtung ist es möglich, Anwenderprogramme und Betriebssystem voneinander zu isolieren. Im Bild ist eine mögliche Verwendung der Privilegniveaus angedeutet. Jedem Segment ist ein Privilegniveau zugeordnet (DPL), enthalten im Segmentdeskriptor. Außerdem besitzt jede Task ein Privilegniveau (CPL), welches durch den Inhalt des CS-Registers bestimmt wird. Das CPL einer Task ist nicht statisch, sondern kann sich ändern. Es gibt nun verschiedene Privilegregeln, bei deren Verletzung eine Befehlsausnahme erfolgt. Innerhalb jeder Task existiert zu jedem Prvilegniveau ein eigener Stack. Der Privilegniveauwechsel einer Task erfolgt über den Gatemechanismus, bei dem feste Einsprungstellen in das höhere Privilegniveau existieren.
Damit eine schnelle Taskumschaltung beim 80286 ermöglicht wird, wird jede Task durch ein Taskzustandssegment (TSS) beschrieben. Dieses TSS enthält die Inhalte aller Register, den LDT-Selektor der Task, Stackpointer für die Privilegniveaus 0,1 und 2 und einen Rückverweis auf eine vorhergehende Task. Das TSS, welches zur gerade laufenden Task gehört, wird durch ein Systemadreßregister (TR), das den entsprechenden Selektor enthält, bestimmt. Eine Taskumschaltung kann durch einen JMP- bzw. CALL-Befehl oder durch Interrupt ausgelöst werden. Der Selektor bzw. Interruptvektor muß dabei auf einen gültigen TSS-Deskriptor oder ein Task-Gate in der entsprechenden Tabelle verweisen. Bei 8 MHz Taktfrequenz dauert eine Taskumschaltung 21 μs /7/. In dieser Zeit werden alle Registerinhalte gewechselt, die benötigten Deskriptoren in Caches geladen, auf die neue LDT umgeschaltet und in das neue TSS ein Rückverweis auf das alte eingetragen.

4.2.4. Befehlssatz

Im Befehlssatz des 80286 sind alle Befehle des 8086 und 80186 enthalten. Daneben existieren einige neue Befehle, um die Systemadreßregister und das MSW zu laden. Andere neue Befehle sind zur Prüfung von Zugriffsrechten eingeführt worden.
Weiterhin wurden beim 80286 viele Befehle abhängig vom Privilegniveau der Task gemacht und werden nur unter bestimmten bedingungen ausgeführt. Das betrifft besonders Befehle zur Prozessorsteuerung. E/A-Befehle sind vom I/O-Privilegniveau abhängig, welches durch das Flagregister bestimmt wird.

4.3. Koprozessoren

Um die Leistungsfähigkeit eines 80286-Systems noch weiter zu erhöhen, ist es möglich, die CPU durch Koprozessoren zu ergänzen. Diese Koprozessoren sind auf bestimmte Aufgaben spezialisiert und entlasten den Hauptprozessor.
Hier eine Auswahl von Koprozessoren
– **80287**: Arithmetikprozessor, spezialisiert auf Gleitkomma Arithmetik, algebraische und transzendente Funktionen
– **82258**: Advanced-DMA-Prozessor mit vier DMA-Kanälen, einer davon als Multiplexkanal mit 32 Unterkanälen, Übertragungsrate bis 8 MByte/s, speziell für E/A-Operationen einsetzbar
– **82786**: Grafikprozessor für Bit-Map-Grafik, verwaltet eigenen Bildwiederholspeicher, unterstützt Fenstertechnik, leistungsfähige Zeichenbefehle
– **82730**: Textprozessor, spezialisiert auf Textverarbeitung am Bildschirm
– **82586**: LAN-Prozessor für Ethernet mit maximal 10 MBit/s, realisiert das komplette CSMA/CD-Protokoll für den Zugriff auf das Übertragungsmedium
– **82588**: LAN-Prozessor für Netze mit maximal 2 Mbit/s
Auf die beiden ersten Koprozessoren wird im folgenden noch näher eingegangen. Bis auf den Arithmetikprozessor können alle anderen Koprozessoren auch unabhängig (remote) betrieben werden. Die Verbindung zur CPU erfolgt dann über den Systembus.

4.3.1. Arithmetikprozessor

Der Arithmetikprozessor 80287 arbeitet parallel zur CPU. Notwendige Operandentransfers werden allerdings durch die Buseinheit des 80286 durchgeführt, um das Schutzkonzept nicht zu durchbrechen. Die CPU verfügt deshalb über ein spezielles Interface zum Arithmetikprozessor.
Softwareseitig ist der 80287 kompatibel zum 8087, so daß existierende Programme weiterverwendet werden können. Der 80287 besteht intern aus zwei Einheiten, der Busanschlußeinheit (BIU) und der Numerikausführungseinheit (NEU), die über ein inneres Bussystem mit 80 Bit Breite verbunden sind (siehe Bild 26).
Beide Einheiten arbeiten teilweise parallel. Die NEU enthält einen Registersatz mit acht Gleitkommaregistern von 80 Bit Breite, der als Stack organisiert ist.

4.3.2. ADMA-Prozessor

Der ADMA-Prozessor 82258 besitzt Leistungsmerkmale, die bei älteren DMA-Controllern nicht vorhanden waren. Das lokale Businterface des 82258 läßt sich für die ganze 8086-Familie konfigurieren. Er ist also problemlos mit dem 8086 im Minimum- oder Maximummode, mit dem 80186 und dem 80286 betreibbar. Daneben gibt es auch die Möglichkeit, den ADMA-Prozessor unabhängig zu betreiben.

4.3.2.1. Arbeitsmodi

Beim 82258 kann man grundsätzlich zwischen zwei Arbeitsmodi unterscheiden. Der erste Mode ist die lokale Betriebsart. Diese Betriebsart ist in Bild 27 dargestellt.
In dieser Betriebsart teilt sich der 82258 den lokalen Bus mit der CPU. Er nutzt den Bus-

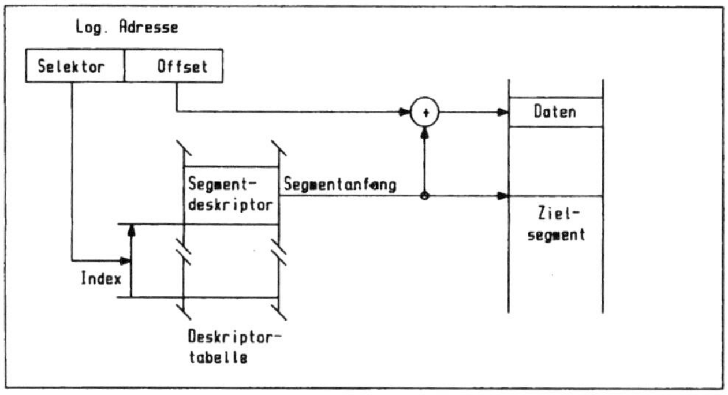

Bild 24 Segmentadressierung im Protected-Mode des 80286 /8/

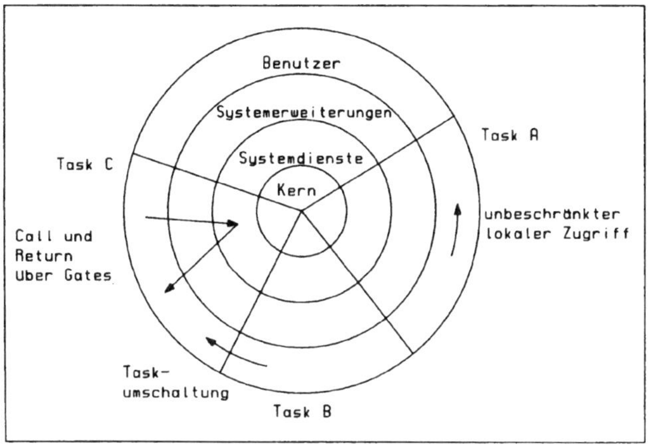

Bild 25 Privilegniveaus im Protected-Mode des 80286 /9/

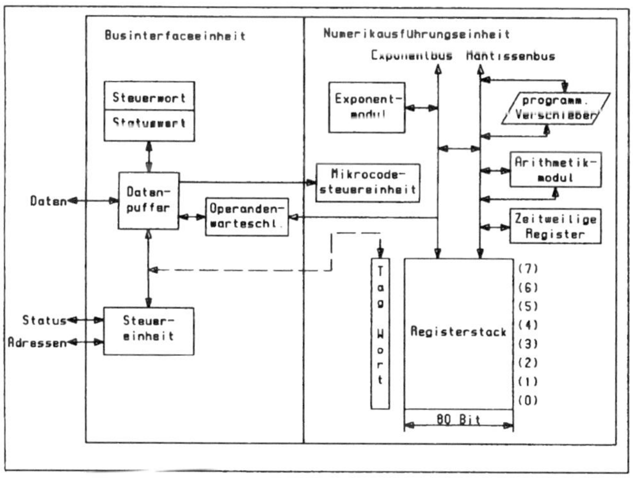

Bild 26 Blockschaltbild des 80287 /16/

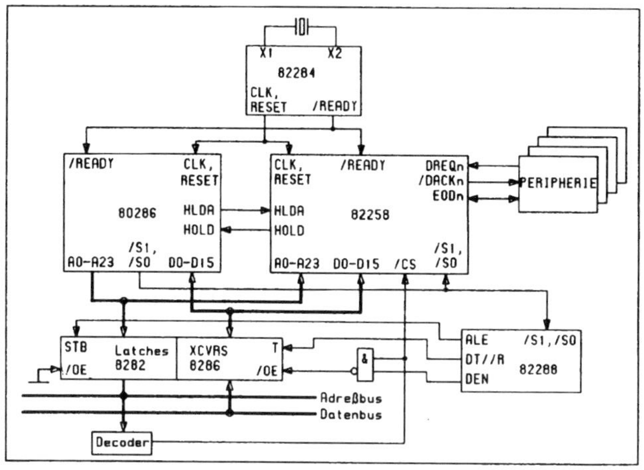

Bild 27 ADMA-Prozessor 82258 in der lokalen Betriebsart /17/

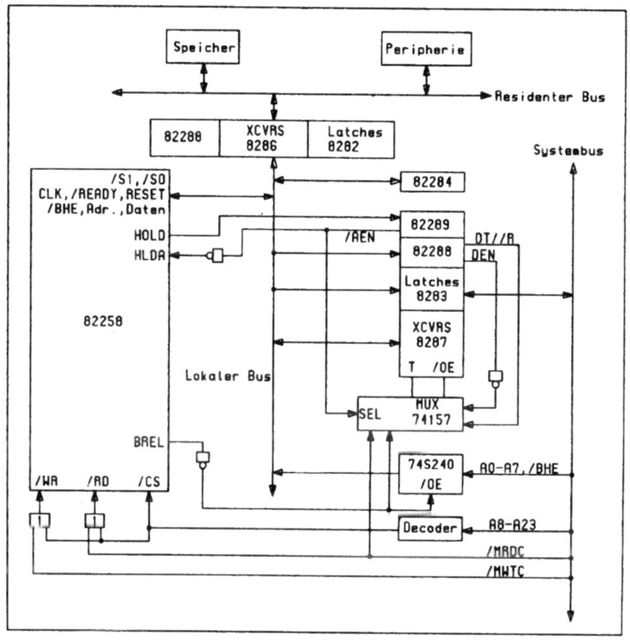

Bild 28 ADMA-Prozessor 82258 im unabhängigen Betrieb /17/

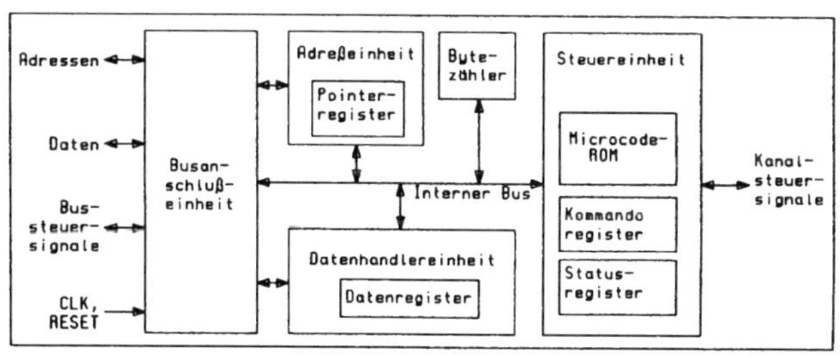

Bild 29 Blockschaltbild des ADMA-Prozessors 82258 /17/ ▶

controller, die Adreßlatches und Datenbustreiber der CPU, so daß kein zusätzlicher Aufwand entsteht. Die Vergabe des lokalen Busses erfolgt über den HOLD/HLDA-Mechanismus. Da der 82258 über Burst- und Delay-Counter verfügt, lassen sich Frequenz und Dauer seiner Buszugriffe optimal einstellen. Die CPU kann auf die Register des 82258 synchron zugreifen. Der 82258 kann in der lokalen Betriebsart 16 MByte Speicheradreßraum und zusätzlich 16 MByte E/A-Adreßraum adressieren.

Die zweite Betriebsart ist der unabhängige Mode (Bild 28). Dabei besitzt der 82258 ein eigenes residentes Bussystem und kommuniziert mit der CPU über den Systembus, z. B. den Multibus. Die CPU kann aber den Systembus auch asynchron auf die Register des 82258 zugreifen. Der 82258 kann im unabhängigen Mode 16 MByte am residenten Bus und 16 MByte am Systembus adressieren. In dieser Betriebsart entsteht allerdings ein beträchtlicher zusätzlicher Aufwand, da der 82258 über eigene Buscontroller, Adreßlatches und Datenbustreiber verfügt. Allerdings läßt sich damit ein modulares E/A-Subsystem aufbauen, das parallel zur CPU arbeitet.

4.3.2.2. Leistungsmerkmale

Das Blockschaltbild des 82258 zeigt Bild 29. In diesem Blockschaltbild sind fünf interne Funktionsblöcke erkennbar. Die Busanschlußeinheit gewährleistet die Verbindung nach außen. Die Adressen für jeden Buszyklus werden durch die Adreßeinheit bereitgestellt. Die Datenhandlereinheit hat die Aufgabe, im bearbeiteten Datenstrom nach Matchbytes zu suchen oder einen Vergleich von Daten vorzunehmen. Der Bytezähler zählt die übertragenen Bytes, um das Blockende zu erkennen. Die Steuereinheit schließlich koordiniert alle Abläufe im 82258. Sie enthält dazu den Mikrocode-ROM mit dem Mikroprogramm für die einzelnen Kommandos.

Der 82258 ist in der Lage, Kanalprogramme, die im Speicher stehen, abzuarbeiten. Diese Kanalprogramme können auch bedingte Relativsprünge oder bedingte Stopps enthalten. An speziellen DMA-Operationen sind das

Füllen, Übersetzen, Vergleichen von Datenblöcken oder das Suchen nach bestimmten Bitmustern möglich. Weiterhin können Bytes zu Wörtern zusammengesetzt werden und umgekehrt. Es ist auch möglich, Datenblöcke zusammenzusetzen oder auf verschiedene Ziele zu verteilen.
Zwischen den vier Kanälen sind verschiedene Prioritätsmodi programmierbar. Die Umschaltung zwischen den Kanälen erfolgt ohne Verlustzeiten. Ein Kanal kann als Multiplexkanal mit maximal 32 Unterkanälen betrieben werden, wobei der Multiplexer durch Interruptcontroller 8259A realisiert wird.

wird fortgesetzt

Literatur

/6/ Zingale, T.: Intel's 80186, a 16-bit Computer on a Chip. BYTE (1983) 4

/7/ Wells, P.: The 80286 Microprocessor BYTE (1984) 11

/8/ iAPX 286/10 High Performance Microprocessor with Memory Management and Protection. Intel Corporation 1982

/9/ Geyer, J.: Schneller Prozessor arbeitet mit virtuellem Adreßbereich Elektronik 19 (1982) 5

/10/ Childs; Crawford; House; Noyce: A Processor Family for Personal Computers. Proceedings of the IEEE Vol. 72/März 1984

/11/ 82284 Clock Generator and Ready Interface for iAPX 286 Processors. Intel Corporation 1982

/12/ 82288 Bus Controller for iAPX 286 Processor. Intel Corporation 1982

/13/ 82289 Bus Arbiter for iAPX 286 Processor Family. Intel Corporation 1984

/14/ Krelle, D.: Mehr Systemleistung mit Coprozessoren. Elektronik 22 (1985) 23

/15/ Böning, W.: 16-Bit-DMA-Controller bedient schnelle Peripherie. Elektronik 23 (1986) 9

/16/ 80287 80-bit HMOS Numeric Processor Extension. Intel Corporation 1982

/17/ 82258 Advanced Direct Memory Access Coprocessor (ADMA). Intel Corporation 1985

TURBO-TIPS

Rückkehr ins aufrufende Programm

Steffen Roller

Um aus einem TURBO-Pascal-Programm heraus ein COM-File aufzurufen, steht die Standard-Procedure EXECUTE zur Verfügung. Nach Abarbeiten der COM-Datei kehrt man jedoch nicht ohne weiteres in das aufrufende Programm zurück. Diese kleine Routine in TURBO-Pascal schreibt eine Datei mit Namen $$$.SUB, die die weitere Arbeit für uns übernimmt.

Nichts anderes macht übrigens das SCP-Kommando SUBM.
Wichtig ist, die SCP-Kommandos in UMGEKEHRTER Reihenfolge ihrer Abarbeitung in die $$$.SUB-Datei zu schreiben. Während der Abarbeitung löscht das Betriebssystem jedes ausgeführte Kommando in der Datei, so daß sie nach dem letzten ausgeführten Kommando verschwunden ist.

```
  PROCEDURE schreibe(kommando:s15typ);
     VAR i      : Integer;
         puffer : ARRAY [0..127] OF Byte;

     BEGIN
         puffer[0]:=Length(kommando);
         FOR i:=1 TO Length(kommando) DO
                   puffer[I]:=Ord(kommando[i]);
         puffer[i+1]:=0;
         BlockWrite(sub,puffer,1);
     END;

(* Beispiel fuer die Anwendung der PROCEDURE :

PROGRAM prog1;
   TYPE s15typ = STRING[15];
        fo     = FILE;
   VAR  sub    : fo;

   {$I SUBWRITE.INC }                 { Einbinden als Include-File          }

   BEGIN
      Assign(sub,'$$$.SUB');
      Rewrite(sub);
      schreibe('PROG1');             { zuerst das LETZTE Kommando schreiben }
      schreibe('PROG2');             { danach das vorhergehende usw.        }
      Close(sub);
      Halt                           { verlassen von PROG1.COM mit Warmstart}
   END.                              { $$$.SUB uebernimmt die Steuerung     }
*)
```

COM 2: unter TURBO-PASCAL

Christian Hanisch

Serielle Schnittstellen werden auf IBM-kompatiblen PCs unter MS-DOS-kompatiblen Betriebssystemen häufig zum Anschluß von Geräten wie Plotter, Digitizer, Modem etc. genutzt.
TURBO-PASCAL unterstützt durch das AUX:-Gerät nur die COM1:-Schnittstelle. Wenn mehrere serielle Schnittstellen belegt sind und aus TURBO heraus angesprochen werden sollen, so kann dies mit einem sehr einfachen benutzergeschriebenen I/O-Driver realisiert werden.
Dieser Driver in Form der im Bild 1 dargestellten Prozedur COM2 nutzt den **Interrupt 14H** (serielle Schnittstelle) des MS-DOS-Betriebssystems. Zum Zwecke des Sendens von Daten wird das Register AH auf 1 gesetzt, das zu sendende Zeichen nach AL gebracht, im DX-Register die konkrete Schnittstelle spezifiziert (0 – COM1:, 1 – COM2:, . . .) und der Interrupt 14H durch die INTR-Prozedur von Turbo aufgerufen.
Im Hauptprogramm ist der **UsrOutPtr** auf die Adresse der Prozedur COM2 „umzubiegen" (Bild 1: Zeile 16). Die Kommunikation erfolgt dann problemlos über das USR:-Gerät (Bild 1: Zeile 18).

```
 1: 0 PROGRAM Demo_COM2_Handling;
 2: 0
 3: 0 PROCEDURE com2(ch:CHAR);
 4: 0 VAR reg: RECORD CASE INTEGER OF
 5: 1              1: (ax,bx,cx,dx,bp,si,di,ds,es,flags:INTEGER);
 6: 1              2: (al,ah,bl,bh,cl,ch,dl,dh: BYTE);
 7: 1            END;
 8: 0 BEGIN
 9: 1   reg.ah:=1;               (* 1 = Zeichen Senden          *)
10: 1   reg.al:=BYTE(ch);        (* Zeichen nach AL             *)
11: 1   reg.dx:=1;               (* 1 = Schnittstelle COM2:     *)
12: 1   intr(20,reg);            (* Interrupt 14H aufrufen      *)
13: 1 END;
14: 0
15: 0 BEGIN
16: 1   usroutptr:=ofs(com2);
17: 1   (* z. B. Plotter bedienen *)
18: 1   write(usr,#13#13#13#13#13,':');
      :
      :
xx: 1 END.
```

Bild 1: Prozedur COM2

In eigener Sache

Z-1013-Tastatur mit Raffinessen

Rainer Brosig
Informatikzentrum des Hochschulwesens an der TU-Dresden, IG Heimcomputer

Vorbetrachtung

In zahlloser Folge sind in letzter Zeit Tastaturvarianten für den Mikrorechner Z 1013 in der Literatur vorgestellt worden, die sich grob in vier Gruppen teilen lassen:

1. Verbesserung der Bedienbarkeit durch bessere Schaltelemente
2. Abfragen einer größeren Matrix (z. B. K 7659, 8 × 12) und Umsetzen in die originale 4 × 8-Matrix (z. B. Prozessorversion v. Robotron-Elektronik Riesa)
3. Verzicht auf eine Matrixschnittstelle und Ersatz durch eine parallele oder serielle ASCII-Schnittstelle
4. Änderung des Monitor-Tastaturprogramms, um eine komfortablere Abfrage mit einer veränderten Matrix zu realisieren. Alle vier Gruppen haben ihre speziellen Vor- und Nachteile. Es kann festgestellt werden, daß es keine ideale Lösung für alle Nutzer gibt, sondern daß alle vier Gruppen ihren speziellen Nutzerkreis haben.

Die erste Gruppe von Tastaturen wird z. B. besonders die Nutzer interessieren, die noch wenig mit der Computermaterie vertraut sind, da nur allgemeine elektronische Kenntnisse notwendig sind. Für fortgeschrittene Nutzer soll folgender Tastaturvorschlag gedacht sein, der sich in die vierte Gruppe einordnet, für die es bisher wenig Veröffentlichungen gab.

Lösungsprinzip der Tastaturvariante

Es wird eine K 7659 mit einer speziellen Hardwareanpassung verwendet, die an den gleichen Hardwareschnittstellen wie die Originaltastatur betrieben wird (Bild 1 bis Bild 3). Dadurch gibt es wenig Probleme bei Software, die direkt auf die Originalmatrix zugreift. Die Tastaturabfrage erfolgt durch ein neues komfortables Programm, welches verständlicherweise länger als das originale ist und deshalb außerhalb des 2-K-Monitors generiert wird (ab 0F800H). Um Softwarekompatibilität zu sichern, wurde am Anfang der originalen Tastaturroutine ein Sprung zum externen Tastaturprogramm eingetragen. Dazu ist es erforderlich, den originalen Monitor zu ändern. Auf den durch den Wegfall der Originalroutine frei gewordenen Speicherplatz im Monitor wurden kleine Hilfsroutinen, wie die Ausgabe auf einen Port (0) und die Anzeige des Kommandoverteilers auf 0B0H (Z), gelegt. Weiterhin befindet sich dort eine NMI-Unterbrechungsroutine, wo, mit Hilfe einer NMI-Taste, ein Maschinenprogramm mit Registeranzeige abgebrochen werden kann, was sich bisher als eine außerordentliche Hilfe beim Test von Assemblerprogrammen erwiesen hat.

Zur Änderung des Monitor-EPROMs muß nicht unbedingt ein Eingriff auf der originalen Leiterkarte erfolgen, was evtl. Garantieansprüche löschen könnte. Es besteht die Möglichkeit, den Z 1013 im Originalzustand zu belassen und den geänderten Monitor-EPROM von außen zuzuschalten (MEMDI-Steuerung). Einfacher ist es aber, den originalen Monitor-EPROM auszulöten und durch einen anderen EPROM mit Fassung zu ersetzen. Derzeit wird für Monitor und Tastatur ein 2732 benutzt. Auf diesem EPROM befinden sich weiterhin das Headersave sowie ein Sprungverteiler für Peripherie-Schnittstellen.

Hardware

Die zusätzliche Hardware beschränkt sich auf einen 1-aus-16-Decoder, die Statussteuerung und einen 8-auf-4-Coder. Zur Anzeige von Shift-lock (CAPS) und Hardcopy werden zwei Anzeige-Flip-Flops verwendet. Damit 12 Spalten abgefragt werden können, muß die 4-Bit-Spalteninformation neu decodiert werden, da der originale Spaltendecoder nur bis 10 decodiert. Dazu ist es erforderlich, daß die 4-Bit-Spalteninformation vom Spaltenlatch A47 über die vier freien Kontakte auf dem Lötkamm des Tastaturanschlusses geführt wird.

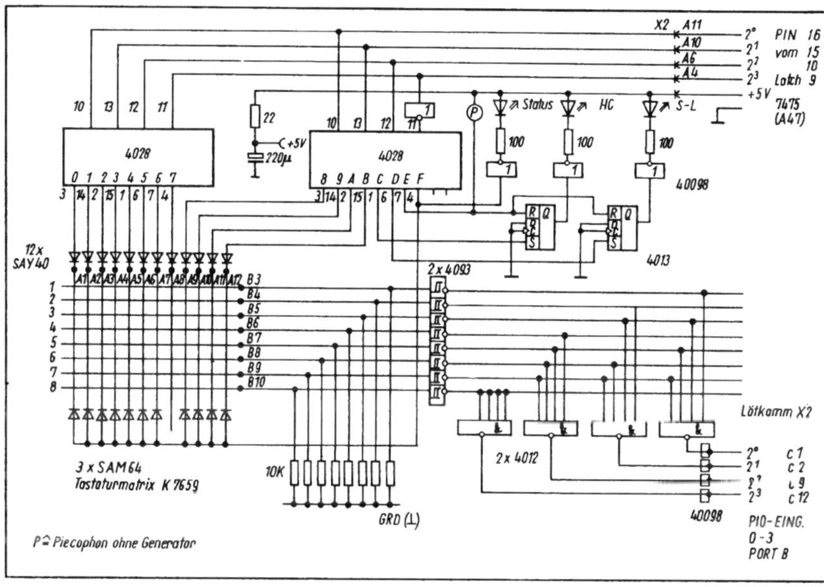

Bild 1 Schaltplan der Leiterplatte
Bild 2 Bestückungsplan der Tastaturleiterplatte

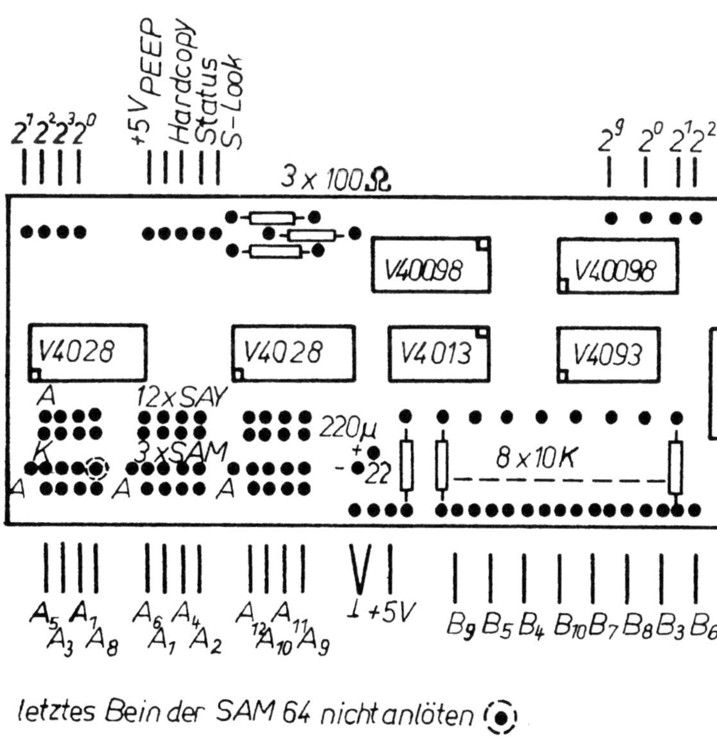

a)

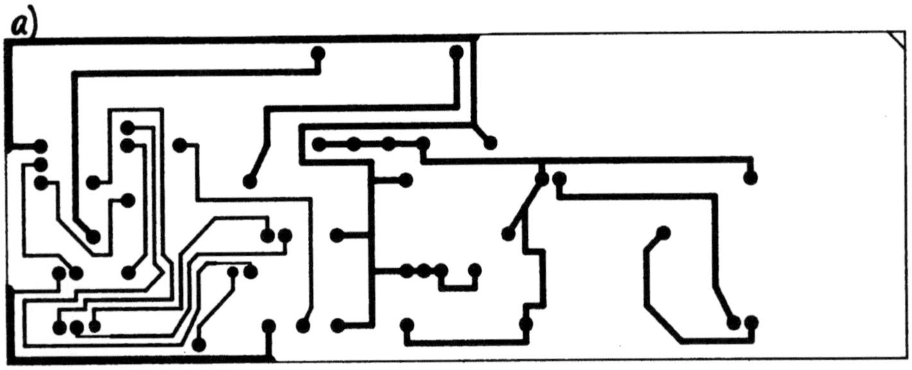

b)

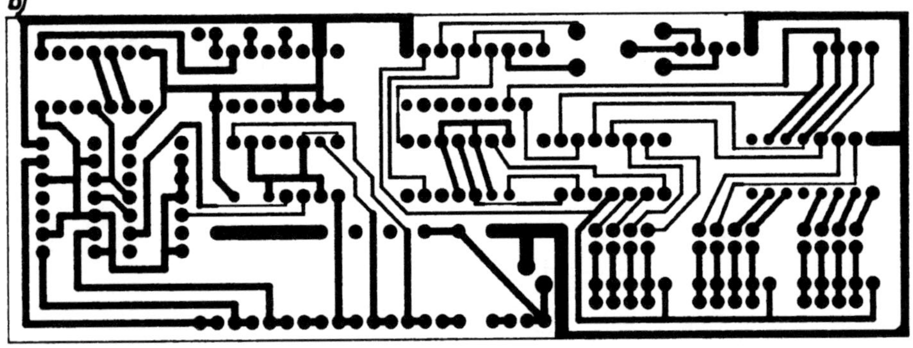

***Bild 3a** Layout, B-Seite* ***Bild 3b** Layout, L-Seite*

Sollten auch diese vier Drähte zu viel Änderung auf der Platine darstellen, so kann der Spaltenlatch auch extern über den Systemstecker neu decodiert werden.
Die verbleibenden vier Digits vom 1-aus-16-Decoder werden für die Ansteuerung der Flip-Flops, der Statussteuerung und des Tastenbeeps (generatorloser Piezoschwinger o. ä.) genutzt. Die Ausgänge des Decoders steuern die Spaltenleitungen der Tastaturmatrix, die über Dioden entkoppelt sind. Diese Entkopplung ist notwendig, um bei der Betätigung von zwei Tasten (SHIFT, CTRL) keine Spalten kurzzuschließen. Die Zeilenausgänge werden durch einen Coder auf einen negierten binären Code gewandelt, um wieder die originalen 4-Bit-Zeileneingangsleitungen zu erhalten. Deshalb sind prinzipiell Direktzugriffe auf die Matrix möglich, die allerdings nicht die gleiche Tastenbelegung wie die Original-Tastatur aufweist (Korrespondenztabelle benutzen). An dieser Stelle soll auch darauf hingewiesen werden, daß solche unnötigen Praktiken, direkt auf die Matrix zuzugreifen, immer zu Softwareinkompatibilitäten führen und deshalb zu vermeiden sind.
Das verwendete Abfrageprinzip weist eine Besonderheit auf, die in einer Statussteuerung liegt.
Diese Statussteuerung hat die Aufgabe, alle Spalten der Tastatur aktiv zu schalten, um einerseits eine schnelle Tastaturabfrage zu realisieren (der Rechner muß nicht ständig die Spaltenleitungen abfragen) und andererseits die Interruptfähigkeit zu ermöglichen (wird momentan nicht ausgenutzt). Die Abfrage der Tastatur bei unbetätigten Tasten wird durch die Statussteuerung etwa 100 mal schneller als die originale. Dieser Zeitvorteil hat aber nicht nur positive Seiten. Programme, die die Abarbeitungszeit für bestimmte Zwecke ausnutzen, laufen dadurch zu schnell (z. B. blinkender Cursor). Deshalb kann per Tastendruck für solche Anwendungen eine zusätzliche Zeitschleife eingeschaltet werden.
Die Funktion der Statussteuerung wird mittels LED angezeigt, die damit die Bereitschaft einer Dateneingabe über die Tastatur signalisiert.
Die schaltungstechnische Realisierung kann mit verschiedenen Mitteln erfolgen. Die einfachste Möglichkeit besteht in der Decodierung mit einem 74154, der Codierung mit 2 DL 021 und einem DL 074 für die Anzeige. Somit kann die gesamte Hardware auf 4 ICs beschränkt bleiben. Um aber das arg strapazierte Netzteil nicht noch mehr zu belasten, wurde eine etwas aufwendigere CMOS-Schaltung entwickelt, die dazu noch die höhere Sicherheit gegen unerwünschte Übergangswiderstände aufweist. Die Spalte 7 (SHIFT, CTRL) wird durch die Statussteuerung nicht aktiviert (Fehlen einer Diode), damit beim alleinigen Drücken von SHIFT oder CTRL der Tastaturstatus nicht verändert wird. Diese Spalte wird erst nach Erkennung einer anderen Taste abgefragt, um die SHIFT-Ebene umzuschalten bzw. eine Control-Maske (1FH) aufzulegen. Die geringe Anzahl zur Verfügung stehender zusätzlicher Steuerleitungen macht es erforderlich, für die Anzeige der Funktionen SHIFT-LOCK und Hardcopy zusätzliche Flip-Flops mit einer gemeinsamen Resetleitung zu verwenden. Bei jeder Neubelegung eines Flip-Flops werden deshalb durch den Rechner immer beide Flip-Flops neu gesetzt. An der Resetleitung ist ebenfalls der Tastenklick angeschlossen, wodurch die Flip-Flops auch nach der Ausgabe des Tones neu gesetzt werden müssen. Der Tastenklick wird softwaremäßig erzeugt und ist durch Tastendruck ein- und ausschaltbar.
Für die CMOS-Version wurde eine Leiterplatte entwickelt und digitalisiert, die von der Größe her dem Raum zwischen dem Haupttastenfeld und den rechten Funktionstasten angepaßt wurde. Damit muß die Leiterplatte nicht unterhalb der Tastatur montiert werden, und es ergibt sich eine sehr flache moderne Bauform für das Tastaturgehäuse. Das moderne Äußere wird auch durch das nur 10adrige dünne Kabel von der Tastatur zum Rechner unterstützt, für das 10adrige flexible Telefonleitung verwendet wurde.

Software

Für die Tastaturabfrage wurde ein neues Abfrageprogramm entwickelt, welches der verwendeten Hardware angepaßt ist. Es hat mit Tabellen eine Länge von einem 3/4 KByte und kann deshalb nicht den originalen Standort beziehen. Durch den auf der Originalaufrufadresse (F130H) eingetragenen Sprung zum neuen Standort (F800H) wird die Software-Kompatibilität zum Originalmonitor erreicht. Es muß aber eingeschränkt werden, daß Programme, die in die originale Tastaturroutine springen (eine laienhafte Unsitte), nicht mehr fehlerfrei laufen.
Bei der Realisierung des Programms wurde ein in jeder Hinsicht offenes Prinzip verwendet. Das heißt, daß der Nutzer in der Lage ist, sich die Tastatur nach eigenen Wünschen zusammenzustellen. Bis auf zwei Tasten (SHIFT, CTRL) sind alle Tasten neu belegbar. Weiterhin kann auch wahlweise ein String auf beliebige Tasten gelegt werden. Wenn dafür keine besonderen Tasten verwendet werden sollen, können Strings auch durch gemeinsames Drücken von SHIFT und CTRL sowie einer dritten Zeichentaste erzeugt werden. Der Tastaturtreiber erzeugt dazu einen Grafikcode (> 80H), mit dem ein mit diesem Zeichen versehener String in einem Stringfeld gesucht und ausgegeben wird. Sollte kein String mit diesem Kennzeichen existieren, wird dieses interne Grafikzeichen ausgegeben.
Die Ausgabe von Grafikzeichen im Grafikmode wird dadurch nicht beeinflußt.
Für die einzelnen Felder (Stringfeld, Tastencodefeld, Funktionstastenfeld und Funktionstastenadreßfeld) gibt es ein Pointerfeld, welches auf dem ehemaligen Tastencodefeld ab 3BH angelegt wurde. Damit ist es dem Anwender möglich, sich durch das Verändern dieser Pointer an beliebiger Stelle im RAM ein neues Feld aufzubauen.
Diese Möglichkeit hat besonders für das Stringfeld große Bedeutung, da man dadurch in der Lage ist, Strings für verschiedene Anwendungen zu laden (z. B. BASIC-Schlüsselwörter, Assemblermnemonik, Brieffloskeln u. ä.). Durch die Möglichkeit, auch die anderen Felder neu zusammenzustellen, kann auch dem Problem begegnet werden, daß z. B. Programme verschiedene Tastencodes für gleiche Steuerfunktionen benutzen.
Das Pointerfeld wird durch den Monitor beim ersten Reset auf die Standardwerte gestellt (nochmaliges Reset wird am C3H auf Adr. 66H erkannt), womit gesichert ist, daß bei jedem weiteren Reset ein evtl. geändertes Pointerfeld erhalten bleibt. Das hat aber die Konsequenz, daß ein Programmabsturz auch dieses Pointerfeld ungewollt zerstören kann und der Rechner trotz Reset nicht mehr bedienbar ist. Dann hilft nur noch Ausschalten des Rechners! Ändert man folgende vier Zellen, so kann erreicht werden, daß die Neuinitialisierung bei jedem Reset erfolgt.

F02AH 02H → F2H
F02BH F2H → F1H
F02DH 43H → 33H
F030H 0AH → 1AH

Man sollte dann aber auch darauf achten, daß aus Programmen nicht mit Reset oder Sprung zu F000H herausgegangen wird, sondern mit der Monitorrückkehrtaste (RST 38H). Ansonsten muß die Pointerinitialisierung neu erfolgen.
Für die einzelnen Modes der Tastatur (Grafik, Shift-lock, Hardcopy, Stringmode, Beep, Slow/Fast) existieren Flags, die in der Systemzelle 27H stehen (ehemaliger Schalter Grafik/Alpha).
Ein gesetztes Flag (1) bedeutet darin:

Bit 0 – lange Repeatverzögerung durchlaufen
Bit 1 – Stringmode on
Bit 2 – Grafikmode on
Bit 3 – Hardcopy on
Bit 4 – Shift-lock (gilt nur für Buchstaben)
Bit 5 – Tastenklick on
Bit 6 – Slow
Bit 7 – Taste war betätigt.

Diese Flags werden durch den Tastaturtreiber gesetzt bzw. rückgesetzt. Indem man diese Flags anderweitig setzt oder rücksetzt, kann die Betriebsart der Tastatur von außen manipuliert werden.
Bei den Funktionstasten fallen fünf Tasten besonders auf. Mit der Taste F01 läßt sich aus einem beliebigen Anwenderprogramm heraus zum Monitor (RST 38H) zurückkehren, sofern die Tastatur noch abgefragt wird. Dabei wird auch gleichzeitig eine Reininitialisierung des Zusatz-Kommandoverteilers auf B0H durchgeführt, so daß die standardmäßig eingetragenen Kommandos (@L, @S, @D, @I) wieder verfügbar werden.
Die Tasten F06, F07, F08 dienen für

Funktionstasten (erzeugen keinen Code):
F01 - RST 38H
F06 - JMP 100H
F07 - JMP 200H
F08 - JMP 300H
F09 - SCREEN-COPY
F53 - GRAFIK ON/OFF
E53 - HARDCOPY ON/OFF
D53 - SLOW/FAST
C53 - BEEP ON/OFF
D00 - SHIFT-LOCK ON/OFF
B11 - SHIFT (+B99)
C00 - CTRL

Steuerzeichentasten (derzeitige Belegung)

Pos.	1.Code	2.Code	1.Funktion	2.Fkt.(m.Shift)	1.CTRL	2.CTRL
A00	0AH	0AH	Cursor runter	Cursor runter	^J	^J
A01	0BH	0BH	Cursor hoch	Cursor hoch	^K	^K
A10	08	08	Cursor links	Cursor links	^H	^H
A11	09	09	Cursor rechts	Cursor rechts	^I	^I
F14	03	03	BREAK	BREAK	^C	^C
F02	1BH	1BH	ESCAPE	ESCAPE		
B13	0DH	0DH	ENTER	ENTER	^M	^M
F05	06	1EH	TAB-DUMMY	NL	^F	
D95	05	1CH	CRSR ANF.EDIT.	Fettdruck-DUMMY	^E	
B95	01	1DH	CRSR END.EDIT.	Norm.druck-DUMMY	^A	
E14	14H	13H	LIST (HC-BASIC)		^T	^S
D13	7FH	02	DEL-Editor			^B
F10	15H	0FH	RUN (HC-BASIC)		^U	^O
F11	19H	18H	CRSR Anf.-BASIC	CRSR End.-BASIC	^Y	^X
F12	12H	11H	INSERT HC-BASIC		^R	^Q
F13	10H	1FH	DEL HC-BASIC		^P	
E95	1CH	1CH	Fettdr.DUMMY	Fettdr.DUMMY		
F95	1DH	1DH	Norm.dr.DUMMY	Norm.dr.DUMMY		

Bild 4** **Funktions- und Steuerzeichentasten
Die Steuerzeichen stehen mit in der Tastenbelegungstabelle und können somit anderen Erfordernissen angepaßt werden

Direktsprünge aus der Tastaturroutine heraus zu festen Adressen (100H, 200H, 300H), da dort die meisten Programme zu starten sind. Der Stack wird dazu vor der Ausführung des Sprungs neu initialisiert.

Eine weitere wichtige Taste ist die Screen-Copy-Taste (F09). Mit ihr ist es möglich, eine Bildschirmkopie auf dem Drucker zu erzeugen (Druckereinbindung über Sprungverteiler DRAKK), ohne das laufende Programm zu unterbrechen. Dabei ist zu beachten, daß während der Bildschirmkopie der Stack des laufenden Programms genutzt wird (Stackbelastung je nach Druckertreiber).

Die Tastenentprellung erfolgt positiv und negativ, das heißt, damit eine Taste als betätigt erkannt wird, muß mindestens 15 ms (2 MHz) lang ein prellfreies Signal anliegen (positive Entprellung). Das gleiche gilt übertragen für das Loslassen der Taste (negative Entprellung). Dadurch kommt es nicht vor, daß selbst bei sehr schlechten Kontakten eine Fehlfunktion auftritt.

Wird eine Taste länger als 0,5 s (2 MHz) betätigt, wird die Repeatfunktion (Echofunktion) bei Zeichentasten aktiviert. Der Normalaustritt aus der Tastaturroutine erfolgt kompatibel zur Originalroutine mit dem Zeichen im Akku und in Zelle 4. Eine „blinde" Tastaturabfrage erfolgt, indem vor dem Abruf der Routine die Zelle 4 auf 0 gesetzt wird.

Standard-Tastenbelegung

In den Bildern 4 bis 6 wird die Standard-Tastenbelegung gezeigt. Den Standort der Tastenbelegungstabelle kann man dem Tastenbelegungsfeldpointer (auf 3BH) entnehmen, der auf die Tastenbelegungstabelle im ROM zeigt (standardmäßig).

Aufbau des Pointerfeldes

Das Pointerfeld befindet sich auf dem Platz des jetzt nicht mehr benötigten Tastaturcodefeldes und wird vom Monitor initialisiert. Das originale Tastaturcodefeld beginnt auf Adresse 35H und wird durch den Monitorsprung RST 38H unterbrochen. Die ersten drei Zellen werden für Zählzellen des Druckertreibers genutzt und sind mit 0 initialisiert. Das Pointerfeld beginnt erst hinter dem RST 38H auf 3BH mit folgendem Aufbau:

3BH – Tastenbelegungsfeldpointer
3DH – Stringfeldpointer
3FH – Pointer auf nächstes auszugebendes Stringzeichen
41H – Länge Funktionstastenpositionsfeld
43H – Funktionstastenpositionsfeldpointer
45H – Funktionstastenadreßfeldpointer.

Aufbau des Stringfeldes

Das Stringfeld hat einen sehr einfachen und codeeffektiven Aufbau. Der auszugebende String beginnt mit dem Namen des Strings, welcher nur aus einem Grafikzeichen besteht. Es werden so lange Zeichen von diesem String ausgegeben, bis ein neues Grafikzeichen auftritt oder das Ende des Stringfeldes – gekennzeichnet mit einer 0 – erreicht ist. Damit ist auch klar, daß sich im String keine Grafikzeichen befinden dürfen, da diese für die Adressierung der Strings reserviert sind. Die Strings wie auch die Grafikzeichen können eine beliebige Länge haben und in beliebiger Reihenfolge angeordnet sein.

Stringfeldaufbau:

1. Grfk-Z. 1. String
2. erstes Stringz.

.
.
.

n. letztes Stringz.
n+1 Grfk. Z. 2. String
n+2 erstes Zeichen 2. String

.
.
.

0; Ende des Feldes

Günstig ist es, sich auf Kassette einige Felder vorzubereiten und diese mit einer kleinen Umladeroutine zu versehen, welche das Eintragen des Stringfeldpointers dem Standort entsprechend vornimmt. Somit ist das jeweilige Stringfeld nach einem Autostart sofort nutzbar.

Die für die Adressierung der Strings benötigten Grafikzeichen können in der Tastenbelegungstabelle stehen, welche bei Betätigung der entsprechenden Taste wirksam werden, worauf der dazugehörige String ausgegeben wird. Eine einfachere Möglichkeit besteht in der gleichzeitigen Betätigung von SHIFT und CTRL sowie einer Zeichentaste, worauf fol-

Bild 5** **Tastenbelegungstabelle erste Shiftebene

Erste Shiftebene

Code	Pos.	Zeichen
31H	E1	1
51H	D1	Q
41H	C1	A
59H	B1	Y
32H	E2	2
57H	D2	W
53H	C2	S
58H	B2	X
33H	E3	3
45H	D3	E
44H	C3	D
43H	B3	C
34H	E4	4
52H	D4	R
46H	C4	F
56H	B4	V
35H	E5	5
54H	D5	T
47H	C5	G
42H	B5	B
36H	E6	6
5AH	D6	Z
48H	C6	H
4EH	A6	N
37H	E7	7
55H	D7	U
4AH	C7	J
4DH	D7	M
38H	E8	8
49H	D8	I
4BH	C8	K
2CH	B8	,
39H	E9	9
4FH	D9	O
4CH	C9	L
2EH	B9	.
3ØH	E1Ø	Ø
5ØH	D1Ø	P
5CH	C1Ø	Ö
2DH	B1Ø	-
7EH	E11	ß
5DH	D11	Ü
5BH	C11	Ä
3CH	E12	<
2BH	D12	+
23H	C12	#
5EH	EØØ	^
4ØH	BØØ	§
3EH	E13	>
ØDH	B13	ENTER
ØBH	A1	CURSOR HOCH
8	A1Ø	CURSOR LINKS
2ØH	A5	SPACE
Ø	DØ	SHIFT-LOCK ON/OFF
ØAH	AØ	CURSOR RUNTER
9H	A11	CURSOR RECHTS
Ø	B99,B11	SHIFT
Ø	CØ	CTRL-TASTE
7FH	D13	DEL (ROTES C)
14H	E14	^T (ROTES L)
Ø	FØ1	MONITORRUECKKEHR
1BH	FØ2	ESCAPE
7BH	FØ3	{
7DH	FØ4	}
Ø	FØ6	JMP 1ØØH
Ø	FØ7	JMP 2ØØH
Ø	FØ8	JMP 3ØØH
Ø	FØ9	CALL SCREEN-COPY
15H	F1Ø	^U (RUN->BASIC)
19H	F11	^Y
12H	F12	^R (INSERT->BASIC)
1ØH	F13	^P (DEL->BASIC)
3	F14	BREAK=^C
6	FØ5	^F (TAB->EDITOR)
Ø	F53	GRAFIK ON/OFF
Ø	E53	HARDCOPY ON/OFF
Ø	D53	SLOW/FAST
Ø	C53	BEEP ON/OFF
1CH	E95	^\
1DH	F95	^]
5	D,C95	^E (WIPPE+)
1	B95	^A (WIPPE-)

Bild 6** **Tastenbelegungstabelle zweite Shiftebene

Zweite Shiftebene

Code	Pos.	Zeichen
21H	E1	!
71H	D1	q
61H	C1	a
79H	B1	y
22H	E2	"
77H	D2	w
73H	C2	s
78H	B2	x
4ØH	E3	§
65H	D3	e
64H	C3	d
63H	B3	c
24H	E4	$
72H	D4	r
66H	C4	f
76H	B4	v
25H	E5	%
74H	D5	t
67H	C5	g
62H	B5	b
26H	E6	&
7AH	D6	z
68H	C6	h
6EH	B6	n
2FH	E7	/
75H	D7	u
6AH	C7	j
6DH	B7	m
28H	E8	(
69H	D8	i
6BH	C8	k
3BH	B8	;
29H	E9	)
6FH	D9	o
6CH	C9	l
3AH	B9	:
3DH	E1Ø	=
7ØH	D1Ø	p
7CH	C1Ø	ö
5FH	B1Ø	_
3FH	E11	?
7DH	D11	ü
7BH	C11	ä
5BH	E12	[
2AH	D12	*
27H	C12	'
7CH	EØ	¦
5CH	BØ	\
5DH	E13	]
ØDH	C,B13	ENTER (CR)
ØBH	AØ1	CURSOR HOCH
8	A1Ø	CURSOR LINKS
2ØH	AØ5	SPACE
Ø	DØØ	SHIFT-LOCK ON/OFF
ØAH	AØØ	CURSOR RUNTER
9	A11	CURSOR RUNTER
Ø	B99,B11	SHIFT
Ø	CØØ	CTRL-TASTE
2	D13	^B (ROTES C)
13H	E14	^S (ROTES L)
Ø	FØ1	MON. RUECKKEHR
1BH	FØ2	ESCAPE
6ØH	FØ3	`
7EH	FØ4	~
Ø	FØ6	JMP 1ØØH
Ø	FØ7	JMP 2ØØH
Ø	FØ8	JMP 3ØØH
Ø	FØ9	BS-DRUCK
ØFH	F1Ø	^O
18H	F11	^X
11H	F12	^Q
1FH	F13	
3	F14	^C=BREAK
1EH	FØ5	NL (SIF1ØØØ)
Ø	F53	GRAFIK ON/OFF
Ø	E53	HARDCOPY ON/OFF
Ø	D53	SLOW/FAST
Ø	C53	BEEP ON/OFF
1CH	E95	
1DH	F95	
19H	D,C95	^Y (WIPPE+)
18H	B95	^X (WIPPE-)

gende interne Grafikzeichen erzeugt werden:

SHIFT-CTRL-Zeichentaste			
A	81H		
B	82H		
C	83H		
D	84H		
E	85H		
F	88H		
G	87H		
H	8BH		
I	89H		
J	8AH		
K	9CH		
L	8CH		
M	8DH		
N	8BH	;DOPPELBEL. ZU	H
O	8FH		
P	90H		
Q	91H		
R	92H		
S	86H		
T	94H		
U	95H		
V	88H	;DOPPELBEL. ZU	F
W	97H		
X	86H	;DOPPELBEL. ZU	S
Y	99H		
Z	9AH		
Ä	9BH		
Ö	9EH		
Ü	9DH		
0	90H	;DOPPELBEL. ZU	P
1	91H	;–"–	Q
2	92H	;–"–	R
3	93H		
4	94H	;–"–	T
5	95H	;–"–	U
6	96H		
7	97H	;–"–	W
8	98H		
9	99H	;–"–	Y

Die Unregelmäßigkeiten zu den korrespondierenden CTRL-Zeichen entstehen beim gleichzeitigen Drücken von SHIFT und CTRL durch das Kurzschließen der Matrixzeile 7 und 8, da diese hardwaremäßig nicht entkoppelt sind.
Im EPROM wurde ein Standardstringfeld mit den am häufigsten vorkommenden BASIC-Schlüsselwörtern eingerichtet.

Direktzugriffe auf die Matrix

Obwohl das direkte Zugreifen auf die Tastaturmatrix von einem Anwenderprogramm aus unnötig und nur in sehr seltenen Fällen gerechtfertigt ist, gibt es eine Vielzahl von Programmen (meist Spielprogramme), die diese Methode anwenden. Um solche Programme ohne Änderung nutzen zu können, soll folgende Korrespondenztabelle dienen:

orig.	neu	Pos.
@	1	E01
A	3	E03
B	5	E05
C	7	E07
D	9	E09
E	ß	E11
F	>	E13
G		
H	Q	D01
I	E	D03
J	T	D05
K	U	D07
L	O	D09
M	ü	D11
N	ENT	C/B13
O		
P	Y	B01
Q	C	B03
R	B	B05
S	M	B07
T	·	B09
U	<	E12
V	←	A10
W		
S1	X	B02
S2	V	B04
S3	N	B06
S4	,	B08
←	–	B10
SPACE	@	B00
→	→	A11
ENT	CTRL	C00

Drei Tasten können nicht konvertiert werden, da diese Positionen bei der K 7659 nicht besetzt sind. Die Korrespondenztabelle kann auch dazu benutzt werden, um die Hardware mit dem originalen Tastaturprogramm zu testen.

Änderungen am Monitorprogramm

Eine der wichtigsten Änderungen ist das Eintragen des Aussprungs aus dem originalen Tastaturprogramm und der veränderten Initialisierung des ehemaligen Tastaturcodefeldes. Alles andere könnte original bleiben. Es werden aber weitere Änderungen vorgenommen, die nicht die Softwarekompatibilität verringern.
Solche Veränderungen sind:
– NMI-Unterbrechnung mit Registeranzeige (Init. 66H bei Reset)
–Hardcopyfunktion des Bildschirmtreibers
– Beschreiben eines I/O-Ports vom Monitor aus („0" ehemals „H")
– Auflistung der im Zusatzkommandoverteiler stehenden Kommandos („Z" ehemals „A")
– Initialisierung des Zusatzkommandoverteilers mit Standardwerten (@ L → Headersave load, @ S → Headersave save, @ D → Druckerreset, @ I → Druckerinitialisierung).

Da der zusätzliche Speicher mit dem Tastaturprogramm noch nicht ausgelastet ist, wurden auf dem Rest des Speichers das Headersave, das Screencopyprogramm, die Joystickabfrage sowie der Sprungverteiler für die Systemerweiterung fest installiert. Für die Übernahme der Software ist es günstig, die kompletten 4K ab F000H zu übernehmen.
Die umfassende Vorstellung des Sprungverteilers würde hier zu weit führen. Deshalb sollen nur die wichtigsten Sprünge beschrieben werden:
FFF7H – JMP STAT übergibt Tastaturstatus im Akku; A=0 – keine Taste gedrückt;
A=FFH – Taste gedrückt (außer SHIFT oder CTRL).
FFF4H – JMP SARUF ruft SAVE-Routine des Headersave; Parameterübergabe entsprechend Beschreibung Headersave.
FFF1H – JMP LORUF; Parameterübergabe entsprechend Beschreibung Headersave.
FFEBH – JMP DRDEL setzt den logischen Druckertreiber zurück (Zählzellen für Zeilen- und Spaltenposition werden zu 0).
FFE8H – JMP DRAKK übergibt den Akkuinhalt an den logischen Druckertreiber.
FFE5H – JMP BSDR druckt den Inhalt des BWS bis zur Cursorposition und kehrt in das aufrufende Programm zurück.
FFDFH – JMP DRZEL wie DRAKK, nur daß das Zeichen in Zelle 1BH übergeben wird (vorgesehen, um im BASIC mit POKE Zelle und CALL 0FFDFH zu drucken).
FFCDH – JMP DRINI Initialisierung des logischen Druckertreibers.
FFCAH – JMP ZEIDR übergibt ein Zeichen im Akku an physischen Druckertreiber.
FFBBH – JMP GETST Abfrage der Joysticks und Übergabe des Ergebnisses in BC (B-links, C-rechts) mit folgender Bit-Bedeutung (1):
Bit 0 – links
Bit 1 – rechts
Bit 2 – runter
Bit 3 – hoch
Bit 4 – Aktionstaste
Z–Flag=1, wenn keine Betätigung vorliegt
FFB8H – JMP SOUND; Ausgabe einer vollen Periode auf die Tonbandbuchse sowie auf Bit 7 vom Systemport;
Übergabe der Periodendauer in C mit $T = n*33\mu s - 20\mu s$ (2 MHz). Die Sprünge DRINI, DREZEL, DRAKK und ZEIDR sind nicht in den oberen 4K realisiert und mit JMP 0E800H, 0E803H, 0E806H und E809H initialisiert, wo man einen Unterverteiler für den verwendeten Druckertreiber installieren kann.

Vor- und Nachteile

Daß die beschriebene Tastaturvariante professionellen Ansprüchen gerecht wird, zeigen folgende Vorteile:
– geringer leistungsarmer Hardwareaufwand
– zwischen Tastatur und Rechner nur 10adriges Kabel erforderlich
– Anzeige der Tastaturmodes durch LEDs
– schaltbarer Tastenklick
– schnelle und sichere Abfrage
– Interruptfähigkeit
– nur noch zwei SHIFT-Ebenen
– hohe Softwarekompatibilität
– freie Belegbarkeit der Tasten
– frei programmierbare Stringausgabe mit Quittung
– Repeatfunktion auf allen Zeichentasten
– einfache Monitorrückkehr durch RST 38H–Taste
– direkter UP-Aufruf Screencopy aus der Tastaturroutine heraus
– Direktsprünge zu festen Adressen aus der Tastaturroutine heraus
– es können gegenüber der alten Routine alle Steuerzeichen erzeugt werden
– Abfrage der vollen 8∗12-Matrix
– einfache Erweiterung der Tastatur auf 96 Tasten, indem die nicht besetzten Positionen aufgefüllt werden.

Dem gegenüber stehen die Nachteile:
– Es wird zusätzlicher Adreßraum des Hauptspeichers benutzt.
– Es muß eine Änderung des originalen Monitorprogramms erfolgen.
– Nur bedingte Kompatibilität bei Direktzugriffen auf die Matrix und bei Sprüngen in die originale Routine hinein.
Betrachtet man Vor- und Nachteile, so kann festgestellt werden, daß es sich lohnt, die Nachteile in Kauf zu nehmen, zumal eine Änderung des Monitors nur einmal erfolgen muß. Die Tastatur ist also eine echte Alternative zu der Prozessortastatur des Herstellers, die einen höheren Hardwareaufwand erfordert und eine geringere Leistungsfähigkeit besitzt.

✉ KONTAKT ☏

Informatikzentrum des Hochschulwesens an der Technischen Universität Dresden, IG Heimcomputer der KDT, Mommsenstr. 13, Dresden, 8027; Tel. 4 57 52 40

Leiterplatte und Monitorprogramm plus Dokumentation können beim Computer-Club des VEB Robotron-Anlagenbau Leipzig, PSF 180, 7010 Leipzig (Tel. 7 16 15 78), zum Selbstkostenpreis bei Einsendung einer Tonbandkassette oder von EPROMs (4 KByte) sowie Rückporto bezogen werden. Der Computer-Club kann weiterhin die Software für die 8×8-Robotron-Tastatur K 7652 bereitstellen.

Schnelles Bildschirmlöschen beim KC 87

Schneller als der BASIC-Befehl CLS ist ein MC-Unterprogramm. In den Anwenderspeicher 220H bis 2FFH wird vor Beginn der Arbeit das Unterprogramm mittels eines kurzen BASIC-Programms geladen. Der Aufruf erfolgt mit CALL 544:

```
0220 LD HL, -5120
0223 LD M, 20H
0225 LD DE, -5119
0228 LD BC, 959
022B LDIR            ; BS löschen
022D LD DE, 0101H    ; 1. Zeile, 1. Sp.
0230 LD C, 18        ; UP Cursor
                     ; setzen
0232 CALL 5          ; BIOS-Ruf
0235 RET
```

```
10 FOR A=544 TO 565:READ B:POKE A, B
:NEXT
20 DATA 33, 0, 236, 54, 32, 17, 1, 236, 1, 1
91, 3, 237, 176, 17, 1, 1, 14
30 DATA 18, 205, 5, 0,201
```

Das BASIC-Programm kann nach der Abarbeitung wieder gelöscht werden.

Peter Born

TERMINE

XV. Fachtagung des Fachausschusses 14 – Elektronische Steuerungen auf Mikrorechnerbasis

WER? Fachverband Elektrotechnik der KdT
WANN? 25. 10. 1988
WO? Berlin
WAS?
• Expertensystemmodi in der Projektierung moderner Steuerungssysteme
• 16-Bit-Industriecomputerfamilie ICA 700
• modulare Grundbaugruppen MGB 7000
• MRS 704/705; S 2000; P 8000
• Weiterentwicklung von audatec
WIE? Teilnahmemeldungen bitte an Kammer der Technik, Präsidium, Fachverband Elektrotechnik, Clara-Zetkin-Straße 115–117, Berlin, 1086

Hoppe

Vertikalmagnetspeicher

Die magnetische Stabilität eines Einzelbits ist die entscheidende Größe für die Qualität eines magnetischen Speichermediums. Die Stabilität ist um so größer, je weiter Nord- und Südpol eines Magneten voneinander entfernt sind. Die Erhöhung der Datendichte führt bei konstanter Schichtdicke und gleichbleibender Spurbreite zu einer Abnahme des Längen-Dicken-Verhältnisses des magnetisierten Teilchens und somit verliert die gespeicherte Information an Stabilität. Konventionelle Medien weisen eine Grenze bei 500 Flußwechseln pro Milimeter auf.
Eine Erhöhung der Aufzeichnungsdichte bei Umgebung des reduzierten Längen-Dicken-Verhältnisses wird auf Medien der Vertikalaufzeichnung möglich. Bei diesen erfolgt die Magnetisierung senkrecht zur Schichtdicke.
Die Firma Toshiba entwickelte eine Diskette aus Barium-Ferrit. Das durch einen speziellen Glaskristallationsprozeß hergestellte Ba-Ferrit hat eine sehr hohe Koerzitivkraft (bis zu 6600 Oe). Deshalb muß es durch Dotierungen mit Co, Ni, Cu, Zn oder Ti gedrosselt werden, um für die Applikationen mit herkömmlichen Ferrit-Ring-Köpfen verwendet werden zu können. Die 3,5-Zoll-Diskette von Toshiba verfügt über 4 MByte Speicherkapazität. Die hohe Dichte der BaFe-Partikel bei durchschnittlicher Größe von 0,02 μm gestattet eine hohe Zuverlässigkeit aufgrund verminderter Oberflächenrauhigkeit. Die Massenproduktion soll auf bestehende Beschichtungsanlagen möglich sein, und es sollen keine Korrosionsprobleme auftreten.

Wi

aus Produktion 48/1987

Neues Material für löschbare optische Speicherung

Wissenschaftler des Phillips Forschungslaboratoriums in Eindhoven sollen eine vielversprechende Gruppe von Materialien für die löschbare optische Aufzeichnung sowohl analoger als auch digitaler Signale gefunden haben. Es sind Halbleitermaterialien wie Galliumantimonid (GaSb) und Indiumantimonid (InSb), die mit bestimmten anderen Elementen „dotiert" werden. Die spezifischen Eigenschaften ermöglichen es, Informationen mit einem Laserstrahl wiederholt aufzuzeichnen und zu löschen. Das Auslesen erfolgt wie bei den Informationsträgern Bildplatte und Compact Disc laseroptisch. Die Materialien können lange gelagert werden. Sie sind unempfindlich gegenüber normalen Umgebungstemperaturen und gegenüber Feuchtigkeit. Löschen und Aufzeichnen ist ungefähr tausend Mal möglich. Dies genügt privaten Anwendungen, ist aber für den professionellen Gebrauch unzureichend. Die Erforschung der Verfahren für die löschbare optische Speicherung ist nicht abgeschlossen. So werden als Ergebnis weiterer Untersuchungen Verbesserungen des Signal-Rausch-Abstandes erwartet.
Die Häufigkeit, mit der gelöscht und aufgezeichnet werden kann, muß erhöht werden. Zugleich wird nach weiteren Materialien aus der gleichen „Familie" gesucht, die eventuell noch bessere Eigenschaften haben. In diesem Zusammenhang könnten Tellur-Selen-Legierungen eine Rolle spielen. Diese könnten ebenfalls für die löschbare optische Speicherung nach dem Verfahren des kristallinamorphen Phasenübergangs geeignet sein, obwohl sie bisher für Anwendungen in der Praxis nicht schnell genug erneut kristallisieren.

Wi

aus Industrie-Elektrik und Elektronik 10/1987

Erste Testbauelemente auf Supraleiterbasis

Nachdem sich vor einem Jahr die Meldungen über die Entdeckung von Materialien mit Supraleiteigenschaften im Hochtemperaturbereich häuften, scheint nunmehr das Problem der Langzeitstabilität dieser Eigenschaft gelöst zu sein, so daß Testbauelemente gefertigt werden können.
So soll die amerikanische Firma TRW Inc. anstelle des Yttrium in dem bisher verwendeten Yttrium-Barium-Kupfer-Oxid das Element Erbium eingesetzt und dadurch eine stabile Supraleitung bei 92 K erreicht haben.
Die Firma AT&T Bell Laboratories soll ebenfalls einen Supraleiter gewonnen haben, aus dem sich Bauelemente herstellen lassen (77 K).
Durch General Motors Research Laboratories soll ein neues Verfahren zur Gewinnung supraleitender Dünnfilme entwickelt worden sein. Anstelle der Elektronenstrahlbedampfung erfolgt ein Abscheiden aus metallorganischen Verbindungen. Die Dünnfilme aus Yttrium-Barium-Kupfer-Oxid wurden auf einkristallinem Strontium und polykristallinem Bariumtitanat aufgebracht. Die Supraleitung soll bei 90 K auftreten.
Im GEC Forschungszentrum soll die Anwendung supraleitender Materialien als Leiterbahnen auf gedruckten Schaltungen vorgesehen sein.

aus electronics 61 (1988) 1 S. 32 und Elektronik.-München (1987) 26. – S. 7

Hierarchisch oder relational?

Die Anwendung der Datenbankmodelle wird sich von den hierarchischen zu den relationalen Modellen verlagern. Betrug im Jahre 1987 der Anteil der hierarchischen Modelle noch 78 Prozent, so sollen sich im Jahre 1992 folgende Anteile ergeben:

relationale Modelle	50 Prozent
hierarchische Modelle	35 Prozent
verteilte Modelle	15 Prozent.

Das relationale Datenbankmodell zeichnet sich dadurch aus, daß die Speicherung in Tabellenform flexibler an neue Anwendungsfälle angepaßt werden kann. Die Daten lassen sich schneller und einfacher definieren und verknüpfen. Redundanz sowie mangelnde Leistungsfähigkeit waren bisher Argumente gegen relationale Datenbankkonzepte. Die auftretende Redundanz hat sich in der Praxis nicht als problematisch erwiesen.
Für umfangreiche Datenbestände ist eine effektive Speicherung auch weiterhin mit hierarchischen Modellen vorteilhafter.
Verteilte Datenbankkonzepte haben das Forschungsstadium verlassen. Sie werden gegenwärtig in Pilotprojekten erprobt.

aus online.-Köln 33 (1988) 1. – S. 6

Erhöhung der Speicherkapazität

Obwohl Marktforschungsinstitute den 3,5-Zoll-Disketten-Speichern die größten Zuwachsraten voraussagen, werden weiterhin 5¼-Zoll- und 8-Zoll-Speicher angekündigt.
Die Firma Verbatim Corp. kündigte ein 12-MByte-Laufwerk mit 5¼-Zoll-Disketten an. Dieses Diskettenlaufwerk erreicht eine durchschnittliche Zugriffszeit von 65 ms und eine interne Transferrate von 2 MBit pro Sekunde. Als Diskettenmaterial verwendet die Firma ein Medium mit 600 Oersted, das eine Spurdichte von 333 Spuren/Zoll und eine Aufzeichnungsdichte von 19968 Bit/Zoll gestattet. Die verwendete Kunststoffhülle ermöglicht einen Betrieb im Temperaturbereich von 5 bis 70 Grad Celsius. Eine hohe Datensicherheit wird durch die Vorformatierung der Spurfolgeninformationen erreicht, die den Schreib-Lesekopf die exakte Spurlage überprüfen lassen.
Einen 8-Zoll-Festplattenspeicher mit einer Kapazität von 1000 MByte, einer durchschnittlichen Zugriffszeit von 16 ms, einer Transferrate von 3 MByte/s und einer MTBF von mehr als 35000 Stunden stellte die Firma Fujitsu vor. Mit diesen Parametern zählt der Speicher zu den Spitzenprodukten. Im 5¼-Zoll-Bereich wurde von der Firma eine 390-MByte-Version mit 18 ms Zugriffszeit angekündigt. Das Angebot an 3,5-Zoll-Speichern wurde um ein Modell mit 77 Byte Speicherkapazität erweitert.

aus Computer-Zeitung. – Leinfelden-Echterdingen 19 (1987) 28. – S. 11

Konkurrenz zwischen Token-Ring-Architektur und Ethernet

Die physikalische Geschwindigkeit eines lokalen Netzes ist aus Anwendersicht nicht entscheidend für den Gebrauchswert. Als wesentlicher wird der Nettodurchsatz angesehen. Die Maximalgeschwindigkeit des Ethernet beträgt 10 MBaud, die des Token-Ring 4 MBaud. Der verwaltungstechnische Overhead der verwendeten Übertragungsprotokolle senkt die Transportleistung erheblich. Die Leistung des Ethernet wird dadurch von 10 MBaud auf 4 MBaud reduziert, während sie beim Token-Ring-Konzept nur auf 2,5 MBaud gebremst wird. Als leistungsmindernde Faktoren gehen auch die Adapterkarten und die Geschwindigkeit ein, mit der die Informationen vom Server geholt werden können.
Erst wenn die Geschwindigkeit unter 1 MBaud absinkt, kommt es zu einer Überlastung und zu Wartezeiten.
Unzureichend ist gegenwärtig auch die auf dem Markt befindliche Netzsoftware. Sie belastet die LANs mit unnötigen Anfragen und Redundanz oder die übertragenen Datenpakete sind zu klein, was den Verwaltungsaufwand vergrößert. Die leistungsstärkste Netzsoftware soll gegenwärtig zwischen 20 und 30 Prozent der verfügbaren Netzbreite ausnutzen.

aus PC-Woche v. 18. 1. 88, S. 15–16

Diode mit hoher Arbeitsfrequenz

Der bisherige Grenzwert der Resonanzfrequenz von Dioden soll durch Wissenschaftler der Universität von Illinois um mehr als das Dreifache übertroffen worden sein. Gegenwärtig sollen 100 GHz erreicht werden. Die Erfinder sehen eine Verbesserung bis in den Terahertzbereich für realisierbar an.
Die Diode soll aus Schichten von abwechselnd schwach dotiertem und stark dotiertem Aluminium-Gallium-Arsenid aufgebaut sein und wird mit Hochspannung betrieben. Dabei wird die Diode zur thermionischen Lichtemission gebracht und es kommt zu der sehr hohen Elektronenbeschleunigung. Die neue Diode soll in der Radartechnik zur Anwendung kommen.

Die Welt v. 16. 1. 88

Pläne für 64-Megabit-Chip

Anfang 1990 will Hitachi einen 64-MBit-DRAM unter Verwendung von 0,3 μm-Strukturen auf den Markt bringen. Die gegenwärtig von Hitachi produzierten 1-MBit-DRAMs werden mit konventioneller Fotolithografie in 1,5-μm-Strukturen erzeugt, die auch für 16-MBit-DRAMs eingesetzt werden soll. Beim 64-MBit-DRAM soll mittels Röntgenstrahllithographie eine dreidimensionale Struktur erzeugt werden.
Mitte der 90er Jahre soll der 64-MBit-Chip produktionsreif sein, den die Firmen Siemens AG und Philps gemeinsam im Rahmen des sogenannten Jessi-Projektes (Joint European Submicron Silicon Initiative) entwickeln wollen. Die Kosten dieses Projektes werden mit 3,5 Mrd. DM veranschlagt. Gegenwärtig arbeiten die Firmen an der Entwicklung eines 4-MBit-Chips.

aus Elektronic Weekly.-London (1987) 1393. – S. 48

Off-line Datentransfer zwischen A 7100 und A 7150

Es wurde eine Möglichkeit geschaffen, Disketten eines A 7100 (Quelldisketten) an einem PC 1715 einzulesen, die Daten dort zu transferieren und die somit erzeugten Zieldisketten an einem A 7150 einzulesen.
• Aktionen am PC 1715
– Initialisieren einer Ziel-Diskette unter CPA und FORMATP (Menüpfad: ØXYF) im „V..-Format" (7Ø8K).
– Transfer von POWER und FORMATP auf diese Diskette.
– Einstellen des Laufwerkes für die Quell-Diskette auf das SCP-Format.
– Transfer von der Quelle zum Ziel.
• Aktionen am A 715Ø
– Start von DCP mit einem aus der CONFIG.SYS-Datei heraus aufgerufenen Treiber.
– Einstellen des durch CONFIG.SYS bestimmten physischen Laufwerkes bzw. des durch die Gesamt-Konfiguration bestimmten logischen Laufwerkes ⟨Lw⟩ mit dem Kommando SELECT – I ⟨Lw⟩ cpc-2 auf das „V..-Format".
– Lesendes und schreibendes „Ansprechen" einer Diskette über den Buchstaben ⟨Lw⟩ mit beliebigen DCP-Kommandos.

Institut für Arzneimittelwesen der DDR, Dr. U. Pape, Große Seestr. 4, Berlin, 1120, Tel. 3651308

Eine MULTIDEZIMALSTELLEN-ARITHMETIK oder STRINGARITHMETIK für Kleincomputer

Für viele Probleme ist die Ziffernanzahl/Zahl im Kleincomputer zur Lösung nicht ausreichend. Für solche Aufgaben wurden auf STRING-Basis SUBROUTINEN geschrieben, die Addition (Subtraktion), Multiplikation, Division, Vorzeichenumkehr und absoluten Betrag realisieren. Die Operanden sind als STRING darzustellen in der Standardform: ⟨Vorzeichen⟩ ⟨ganzer Anteil⟩ ⟨Dezimalpunkt⟩ ⟨Bruchanteil⟩. Durch einen Parameter kann die maximale Länge vom Bruchanteil des Ergebnisses gesteuert werden. Damit können arithmetisch „DEZIMALZAHLENSTRINGs" verarbeitet werden, die aus maximal 253 Dezimalziffern bestehen können. Die Rechenzeit ist allerdings sehr hoch, zum Beispiel 5,5 Minuten für die Division von 1/3 auf 250 Dezimalstellen.
Gerätetechnik: KC 85/2 mit Modul 006 BASIC und Modul M022 EXPANDER RAM.
Programmumfang: insgesamt ca. 250 BASIC-Anweisungen.

Ernst-Moritz-Arndt-Universität Greifswald, Rechenzentrum, Friedrich-Ludwig-Jahn-Straße 15a, Greifswald, 2200

Dr. Dörband

Transformationsprogramm von dBase-II- in TURBO-PASCAL-Dateien

Das in MP 9/87 dargestellte Transformationsprogramm für dBase-II- und TURBO-PASCAL-Dateien hat unserer Meinung nach folgende Nachteile:
① Es lohnt sich aus Zeitgründen in den meisten Fällen nicht und führt leicht zu Fehlern, wenn man die transformierte und bearbeitete PASCAL-Datei wieder in eine dBase-II-Datei mit der gleichen Struktur zurücktransormiert.
② Die Dateigröße ist unnötigerweise eingeschränkt, weil sich sowohl die dBase-II-Datei als auch die transformierte PASCAL-Datei auf derselben Diskette befinden.
③ Die zwangsweise Umwandlung von numerischen dBase-II-Feldern der Länge 2 ohne Dezimalstellen in den PASCAL-Typ „Byte" führt zu Fehlern, falls die Feldinhalte negativ sind.
④ Das Löschkennzeichen der dBase-II-Dateien wird nur unzureichend berücksichtigt; es können dadurch Datenverfälschungen auftreten.
⑤ Es müssen alle Fehler der dBase-II-Dateien in die PASCAL-Datei übernommen werden.
Die von uns geschaffene Lösung der Transformation von dBase-II-Dateien in TURBO-PASCAL-Dateien mit dem Programm „dbpas" besitzt diese Nachteile nicht. Hier die wichtigsten Kenndaten:
– Nach dem Aufruf des Programms erfolgen alle Angaben menügesteuert.
– Die Laufwerke für Ziel- und Quelldatei sind beliebig.
– Es können alle Felder der dBase-II-Struktur oder nur ausgewählte Felder transformiert werden.
– Das Löschkennzeichen wird als Datenfeld behandelt.
– Schließt man das Löschkennzeichen von der Übertragung aus, ist die Übertragung der so gekennzeichneten Sätze wahlweise möglich.
– Die Umwandlung in die PASCAL-Satzfeldtypen ist zum Teil frei wählbar.
– Neben der Deklarationsquelldatei wird eine zweite Quelltextdatei angelegt, welche als Includefile von ersterer aufgerufen wird. So entsteht ein sofort lauffähiges PASCAL-Programm zum Auflisten der transformierten PASCAL-Datei. Darüber hinaus arbeiten wir an einer Programmlösung, um – ausgehend von der Deklarationsquelltextdatei oder einer vorhandenen dBase-II-Struktur – eine Rücktransformation von PASCAL-Dateien in dBase-II-Dateien zu ermöglichen.

VEB Fahrzeugausrüstung Berlin, Stammbetrieb des Kombinat Schienenfahrzeugbau, Abt. DPP, Adlergestell 598, Berlin, 1183; Tel. 6810377

Löblich

BC/PC – Lichtsatz – Druck

In einer Kooperationsvereinbarung zwischen dem KEAW Berlin und dem Berliner Verlag wurde festgelegt, für den Hauptteil der P8000-Dokumentation (WEGA-Programmierhandbuch, ca. 1300 Seiten), die Lichtsatzanlage DIGISET 400T30 zu nutzen.
Der mit dem Editorprogramm TP erfaßte Text befindet sich auf einer Minidiskette im SCPX-Format. Alle für die typographische Gestaltung des Textes notwendigen DOSY-Satzbefehle sind im Text enthalten.
Das Programm EDS (Erfassung für Datensichtgerät) übernimmt die Formatierung von Disketten in das DS2069-Format (für DIGISET 400T30) und die Konvertierung der Textdaten in den DS2069-Code. Außerdem können Texteinheiten der DS2069-Diskette angezeigt, in das SCPX-Format rückkonvertiert und auf Drucker ausgegeben werden.
Bei der Umwandlung von bereits erfaßten ASCII-Texten kommt man ohne eine abschließende manuelle Überarbeitung (Einfügen von DOSY-Satzbefehlen) und TP auf einem SCP-System oder am Datensichtgerät DS2069 nicht aus.
Dabei ist beim Programm EDS die Hervorhebung von DOSY-Satzbefehlen beim Auslisten der Datei über die Kommandos „L" (Bildschirm: inverse Darstellung) und „P" (Drucker: Doppel- oder Rotdruck) für den Nutzer besonders hilfreich.
Das Programm EDS schafft günstige Voraussetzungen zur Vergrößerung der Erfassungskapazität von Lichtsatzanlagen in den Satzzentren der Polygraphischen Industrie. Daneben wurde durch die Integration des Kommandos „K" die Möglichkeit geschaffen, bereits erfaßte Textdateien im ASCII-Kode in DS2069-Dateien umzusetzen.
Da bereits eine große Anzahl von Texten (Manuskripten u. a.) auf Personalcomputer existiert, besteht somit die Möglichkeit, aus diesen mit geringem zusätzlichen Aufwand qualitativ hochwertige Druckvorlagen herzustellen.
Der Weg, unter Nutzung eines SCP-Systems (z. B. PC 1715 oder A 7100) zu Lichtsatz-Druckvorlagen zu gelangen, kann für viele Anwendungsbereiche (von Vorlagen bis zu den Betrieben) eine kostengünstige Lösung darstellen.

VEB Datenverarbeitungszentrum Berlin, Storkower Straße 111, Berlin, 1055; Tel. 4351588

Dr. Schäfer

Generieren von sich selbst installierenden Zeichensätzen (SZS) für den KC 85/2/3

Der Programmkomplex dient dem Generieren und Testen neuer Zeichenbildtabellen auf dem KC 85/2/3. Dabei können jeweils die Zeichen der Codes 0–7F, 80–FF und 80–8B mit Funktionstastenbelegung generiert werden. Die Zeichenbildtabellen sind in einem SZS eingebunden und dieser wird auf Kassette gerettet. Der SZS kann in jeden KC 85/2/3 geladen werden und installiert den Zeichensatz ins Betriebssystem selbständig. Gleichzeitig sorgt er dafür, daß alle 256 Zeichen des Computers über die Tastatur erreichbar sind.
Der SZS kann für verschiedene Adressen generiert werden. Die Konstruktion der Zeichen erfolgt mittels Tastatur bei 8fach vergrößerter Zeichendarstellung.
Es existiert eine Generatorvariante, welche gleichzeitig mit dem BASIC-Interpreter verwendet werden kann.

Handelshochschule Leipzig, ORZ, Markgrafenstr. 2, Leipzig, 7010; Tel. 7481 App. 77

Zerbst

Kopplung MFA mit PC und Drucker über V.24

Das Modulare Fourieranalysatorsystem MFA (VEB Meßelektronik Berlin) stellt dem Anwender in der Verkaufsvariante die Schnittstellen CENTRONICS und SIF1000 zur Verfügung, wobei vom Betriebssystem die Arbeit mit Digitalkassetten- und Lochbandtechnik unterstützt wird. Es wurde eine Kopplung des MFA mit einem PC 1715 und einem Vollgrafikdrucker K 6314 über eine V.24-Schnittstelle realisiert. Im Vordergrund der Lösung stand ein minimaler Aufwand für die Hardware, für die ein empfangsseitig entsprechend aufgerüsteter KC 85/1-Druckermodul verwendet wurde. In beiden Geräten wurden Sende- und Empfangsroutinen installiert, wobei die bisher im MFA zur Verfügung stehende Software (Version 1.05 bzw. 1.07) ohne Einschränkungen nutzbar bleibt. Alle Routinen wurden so gestaltet, daß der Nutzer die zu übertragenden Speicherbereiche frei wählen kann. Zum Druck von alphanumerischen und grafischen Bildschirminhalten wurden im CENTRONICS-Treiber die hardwareseitigen Ausgaberoutinen verändert. Unter anderem wurde dabei die Interruptsteuerung durch Polling ersetzt. Die Lösung gestattet es, mit geringem Aufwand die Einsatzmöglichkeiten des MFA wesentlich zu erweitern: So können Meßwerte und Auswerteprogramme auf Diskette gespeichert sowie der PC als Wirtsrechner für MFA-Programmentwicklungen genutzt werden.

Offiziershochschule der Volksmarine „Karl Liebknecht" Stralsund, Lehrstuhl Informatik/Steuerungstechnik, PF 16119/G, Stralsund, 2300; Tel. 683372

Derlich/Havemann

Objektmodulbibliotheken für A 7100

Für die Arbeit mit FORTRAN 77 am A 7100 wurden Objektmodulbibliotheken für die Gestaltung des alphanumerischen Bildschirmdialogs und der grafischen Ausgabe erarbeitet.
Die Bibliothek SCREEN 1 gestattet dem Programmierer die Nutzung der Möglichkeiten des alphanumerischen Bildschirms, wobei besonderer Wert auf die Gestaltung der Ausgabe und die Erkennung von Eingabefehlern gelegt wurde, auf komfortable Weise.
Auf der Grundlage des ISO-Standards 7942 GKS wird in der Bibliothek GKSGX 1 eine Teilmenge des GKS-Niveaus 0a und 0b zur Verfügung gestellt. Die Bibliothek greift dabei

auf die Betriebssystemerweiterung SCP-GX für die vollgrafische Arbeit mit dem A 7100 zurück.

Technische Hochschule Leuna-Merseburg, Rechenzentrum/Bereich Informatik, Otto-Nuschke-Straße, Merseburg, 4200; Tel. 462922 (Dr. Reimann)

Prof. Dr. Weiß

MS-DOS-Dokumentation

Im Zusammenhang mit der Einsatzvorbereitung MS-DOS-fähiger Computertechnik wurde eine umfangreiche Dokumentation erarbeitet, die maschinenlesbar nachgenutzt werden kann. In der Dokumentation werden schwerpunktmäßig der Kommandovorrat, die Arbeit mit Editoren und dem Linker, Konfigurations- und Stapelverarbeitungsdateien, Dienstprogramme und die Technologie der Assemblerprogrammierung behandelt.

Technische Hochschule Leuna-Merseburg, Rechenzentrum/Bereich Informatik, Otto-Nuschke-Straße, Merseburg, 4200; Tel. 462922 (Dr. Reimann)

Prof. Dr. Weiß

SCPTEXT 1700

Das Programm SCPTEXT 1700 dient der Eintragung einer Autostartroutine in das Betriebssystem SCP 1700. Für sogenannte Systemdisketten ist es oft wünschenswert, wenn nach Einschalten des Rechners, eines Systemresets oder nach Ferneinschalten ein bestimmtes Programm sofort gestartet wird, wie z. B. das residente Kommando DIR oder Diskettenfiles wie DBASE, TABCALC o. a.
Das Programm SCPTEXT 1700 realisiert das Eintragen des gewünschten Befehls in den im Betriebssystem SCP 1700 reservierten Puffer ohne Zuhilfenahme eines Debuggers (Rechner A 71**). Je nach Aufruf des Programmes kann der Starttext im Dialog oder direkt von der Kommandozeile eingegeben werden.
Ein Kopieren von einem Laufwerk auf ein anderes bzw. mit gewechselter Diskette während des Eintragens ist möglich. Zum Lieferumfang gehören zwei modifizierte Betriebssysteme, bei denen die Dialogabfrage nach dem Laufwerk E übergangen wird und dieses selbständig initialisiert bzw. nicht eingerichtet wird.

Staatliche Hauptgasverteilung beim Ministerium für Kohle und Energie, Beilsteiner Str. 115, Berlin, 1140; Tel. 5473041 (Koll. Hartwig)

Pflieger

Listendruck- und Anzeigeprogramm

VALI ist ein variables Listendruck- und Anzeigeprogramm für ausgewählte Felder beliebiger TURBO-PASCAL Dateien in Tabellenform.
Das Programm ist anwendbar sowohl für Dateien, die mit TACCESS.BOX erstellt wurden als auch für normale TURBO-PASCAL Dateien. Die Felder können folgende Formate haben: STRING, INTEGER, REAL, BOOLEAN, CHAR und ARRAY[1 . . .] OF REAL. Die für den direkten Zugriff so wichtige INTEGER-Darstellung im STRING-Format ist ebenfalls möglich. Die maximale Anzahl der Felder der Datei ist auf 256 begrenzt worden (einschließlich der Vektorfelder). Angezeigt werden außerdem die Satzlänge und die physische Satzanzahl der Datei. Das Prinzip beruht darauf, daß zu jeder Datei eine Textdatei mit der Beschreibung des RECORDS angelegt wird, bzw. es müßte eine solche Datei schon beim Programmierer existieren. Die Ausgabe ist wahlweise auf Drucker oder Bildschirm möglich. Will man sich einzelne Felder von Vektoren anzeigen lassen, erfolgt es in der Form: best[3] oder best[11], wie sie in TURBO-PASCAL üblich ist.
Die Feldnamen werden als Tabellenüberschrift mit angezeigt, außerdem kann eine Überschriftzeile eingegeben werden. Das Programm läuft unter SCP auf PC 1715, BC A 5120/30 und AC A 7100. Es ist geplant, dieses Programm noch weiterzuentwickeln, u. a. die arithmetische Verknüpfung von Feldern (z. B. FELD a + FELD b oder FELD c * FELD d). Nachnutzer dieses Programms erhalten dann im Nachgang jeweils die neueste Version.
Bei Zusendung einer Diskette (8" oder 5 1/4") liefern wir das Programm VALI.COM und die Dokumentation VALI.DOC.

DEWAG Leipzig, Abt. DO, Oststrasse 105 Leipzig, 7050

Mikrorechnerüberwachung mit softwaregeschütztem Anlauf

In allen Mikrorechnern, besonders in der Industrieautomation und bei Anwendung von Watchdogschaltungen, ist eine geschützte ununterbrochene Initialisierung im Rechneranlauf sehr wichtig.
Ohne zusätzliche Schaltungen und ohne Abschaltung von Rechnersignalen garantiert der softwaregeschützte Anlauf die sichere Initialisierung des Mikrorechners. Durch zusätzliche Steuerwörter wurde ein System entwickelt, welches zu jedem Zeitpunkt nachteillos unterbrochen werden kann. Der softwaregeschützte Anlauf kann in allen Mikrorechnern ohne Geräteveränderung implementiert werden. Diese Maßnahme wurde im Kleincomputer PCU 01 für Prozeßdatenerfassung und -überwachung unter harten Industriebedingungen umfassend erprobt.

VEB Rationalisierungsmittelbau Wolle und Seide Greiz, Bereich F. u. E, Zeulenrodaer Str. 13–15, Greiz, 6600, Tel. 3155 (Koll. Stiebert)

Fritzsche

Programmierbarer Zeichengenerator für den KC 85/1 und KC 87

Die Hardwarekonfiguration des Kleincomputers KC 85/1 ermöglicht bisher eine beschränkte, nicht frei programmierbare, quasigrafische Darstellung der auf einem EPROM vorhandenen Grafikzeichen (ASCII-Code 128 bis 255 Dez.).
Mit der Hardware-Ergänzung „Programmierbarer Zeichengenerator" (PZG) können durch den Nutzer 126 Grafikzeichen frei programmiert (Erzeugung der gewünschten Bitmuster), auf dem Bildschirm dargestellt und ggf. über einen Drucker (K 6313 o. ä.) ausgegeben werden.
Der PZG besteht aus einer kleinen Leiterplatte mit einem zusätzlichen 1-KByte-RAM (2×U 214), einem herkömmlichen Zeichensatz auf einem 2-KByte-EPROM (224 programmierte ASCII-Zeichen 32 bis 255 Dez.) und einem Flip-Flop (DL 074) zur wechselseitigen Umschaltung zwischen der Standard-Grafik und der frei programmierbaren Grafik.
Die Ansteuerung des PZG erfolgt über 3 Schaltadressen, die sich im normalerweisen nicht zugänglichen Farb-RAM als Kurzmerkspeicher befinden. Sie dienen zum Einschalten des PZG, zum Beschreiben des PZG-RAM und zum Aktivieren des PZG-RAM.
Die realisierte Installierung der PZG-Leiterkarte, die zweckmäßigerweise an Stelle des Farbmoduls (der Farbmodul befindet sich auf der PZG-Karte) unter Nutzung der Standard-Steckverbindung vorgenommen wurde, verändert äußerlich den KC 85/1 nicht und sichert die herkömmliche Funktionsfähigkeit des Kleincomputers.
Es bestehen die Möglichkeiten der Verwendung verschiedenartiger Zeichensätze, z. B.:
- grafische Funktionsdarstellungen
- kyrillische Buchstaben (Russisch-Zeichensatz)
- lateinische Schreibschrift und
- Darstellung elektronischer Schaltungen.

Ergänzende Software ermöglicht die selbständige Programmierung von Grafikzeichen (MC-Programme) und das Ausdrucken der erzeugten Bildschirminhalte.
Die Betreibung des PZG ist sinnvollerweise mit Farbmodul (aber auch ohne Farbfernsehgerät und RGB-Satz) zu realisieren.
Neben einer selbstgefertigten PZG-Leiterkarte liegen eine Kurzdokumentation zur Hardwarelösung und Programmbeschreibung beispielhafter Demonstrations-Software vor.

Technische Universität Magdeburg, Büro für Neuererwesen (oder Sektion Apparate- und Anlagenbau, WB 2) PF 14, Magdeburg, 3010; Tel. 5920

Bundrock

REDABAS-Transferprogramme

Zur Nachnutzung bieten wir für die Mikrorechnertypen PC 1715, BC A 5120 und AC 7100 unter dem Betriebssystem SCP und Kompatiblen das Transferpaket REKP an.
Eine REDABAS-Datei wird in eine Rettedatei für die Kalkulationsprogramme KP, SC bzw. TABCALC/M 16 umgewandelt und kann durch diese geladen werden.
Beliebige Felder der REDABAS-Datei (auch Teilketten der Felder) können in beliebige Zeilen und Spalten der Tabelle transferiert werden.
Im Anschluß an die REDABAS-Daten können Werte (z. B. für eine Summenzeile) vordefiniert und in die Tabelle mit eingetragen werden.
Das Programmpaket besteht aus einem Vorprogramm (REKP1), mit dessen Hilfe der Anwender im Dialog den Transfer beschreibt. Die Beschreibung wird in einer Textdatei abgelegt und von dem Nachfolgeprogramm (REKP2) zum Entladen der REDABAS-Datei benutzt. Wiederkehrende Transferaufgaben können auf diese vorgefertigten Beschreibungsdaten zurückgreifen.
Die Beschreibung einer Transferaufgabe dauert etwa 5 bis 10 Minuten und der Entladevorgang rund 1 Minute. Der Ladevorgang im Kalkulationsprogramm kann in Abhängigkeit vom Umfang der zu ladenden Daten mit 1 bis 4 Minuten (mehr als 5000 Elemente bei TABCALC/M 16) angenommen werden.
Zur Unterstützung des Rücktransportes vom Kalkulationsprogramm zu REDABAS kann das Selektions- und Formatierprogramm SELEKTOR mitgeliefert werden. Das in eine sequentielle Textdatei entladene Tableau kann mit Hilfe von SELEKTOR an SDF-Formate beliebiger REDABAS-Dateien in einem Arbeitsgang angepaßt werden. Die Selektion bestimmter Zeilen anhand vorgegebener Wertebereiche für beliebige Spalten ist möglich. Die Parameter von SELEKTOR werden in einer Textdatei programmiert, so daß der Vorgang automatisiert ablaufen kann.

VEB Landmaschinenbau Güstrow, Abt. L102, Rövertannen, Güstrow, 2600; Tel. 46515 (Koll. Ansorge)

Dr. Falk

Wir suchen . . .

. . . eine Zeilenbefehlserweiterung des BASIC-Interpreters analog der vorgestellten Lösung für KC in MP 11/87 für unsere PC 1715.

VEB Bandstahlkombinat „Hermann Matern", Eisenhüttenkombinat Ost, Zweigbetrieb Bandstahlveredlung Porschdorf, Porschdorf, 8321, Tel. Bad Schandau 2556/2558, App. 75

Polei

. . . einen Drucker-Driver zum Anschluß eines Commodore-Druckers an U-880-Rechner (MC 80.20).

VEB Keramische Werke Haldensleben, HA Rationalisierung, Karl-Marx-Straße, Haldensleben, 3240; Tel. 56350 (Koll. Trebesius)

Richter

. . . eine Software-Lösung zur Kopplung von IBM-XT-kompatibeln PC und KBR K1630 über MUX20.

VEB MAW Armaturenwerk Prenzlau, Abt. DF. Wilhelm-Pieck-Str. 91, Prenzlau, 2130; Tel. 32218

Müller

. . . Informationen bzw. Hinweise zum Betreiben eines Zeilendruckers VT 27 000 am BC A 5120. Großhandelsbetrieb Waren täglicher Bedarf,

Fachdirektion Ökonomie, Pausaer Straße 15, Plauen, 9900; Tel. 27022, App. 29

. . . eine Kopplung PC 1715 – KC 85/3. An unserer Schule ist ein Computerkabinett mit 19 KC 85/3 und einem PC 1715 eingerichtet worden. Die KC und ein Großbildschirm (Farbfernsehgerät mit FBAS- und RGB-Eingang) sind über ein Dialogsystem miteinander gekoppelt. Um den Einsatz des PC zu demonstrieren, würden wir gern die Verbindung PC/KC (ohne V.24-Schnittstelle) realisieren.
Wer kann helfen?

Kommunale Berufsschule „Martha Brautzsch" Merseburg, 4200 Merseburg, Oberaltenburg 4

Schürhold

Programmieren mit C

von M. Clauß und G. Fischer
Reihe Technische Informatik. VEB Verlag Technik Berlin, 1988, 240 Seiten, 14 Bilder, Broschur, 24,– M

Mit dem nunmehr vierten Band der Reihe „Technische Informatik" wird vom VEB Verlag Technik einem breiten Bedürfnis nach einer umfassenden und methodischen Darstellung der Programmiersprache C Rechnung getragen.
Die Darstellung von C erfolgt in Form eines Lehr- und Arbeitstextes, der das Erlernen der Programmiersprache im Selbststudium ermöglicht. Dies wird durch eine Reihe von Übungsaufgaben, die zur praktischen Arbeit mit C anregen, unterstrichen. Es fehlt aber eine Besprechung der gestellten Aufgaben.
Im ersten Kapitel werden grundsätzliche Aspekte der Sprache C behandelt, so daß schnell die Voraussetzungen für praktische Programmierübungen gegeben sind. Im zweiten Kapitel folgt die ausführliche Darlegung der Sprachkonzepte von C, die durch eine Vielzahl von Beispielprogrammen effektiv unterstützt wird. Im abschließenden dritten Kapitel wird auf verschiedene Aspekte der Anwendung von C, z. B.: C-Präprozessor, Arbeit mit der Standardbibliothek, Beispiele für systemnahe Programmierung eingegangen.
Ein umfangreicher Anhang (54 Seiten) enthält eine Zusammenfassung der Syntax von C, eine Beschreibung des durch X/OPEN definierten Umfangs der C-Standardbibliothek sowie eine kurze Erläuterung des unter UNIX verfügbaren Prüfprogramms „lint". Die Autoren berücksichtigen auch internationale Standardisierungsbemühungen (ANSI-C und X/OPEN-C) und beschreiben Erweiterungen und Änderungen gegenüber K&R.
Den Autoren ist es gelungen, sowohl für den Einsteiger in C als auch für den täglichen Nutzer ein wertvolles Arbeitsmittel geschaffen zu haben. Dem Verlag Technik ist zu danken, daß er auf aktuelle Trends der Softwareentwicklung mit diesem Band so prompt reagiert hat.

Ulrich Oefler

Hilfsmittel für Errichtung und Betrieb von Mikrorechner-Automatisierungsanlagen

Peter Neumann, Reihe Automatisierungstechnik: Band 219, VEB Verlag Technik Berlin, 1986, 88 Seiten, 4,80 M

Dieser Band verbirgt hinter dem einfachen Begriff ‚Hilfsmittel' eine gelungene Darstellung von ausgewählten wissenschaftlichen Verfahren und technischen Mitteln für die Vorbereitung und Realisierung von mittleren und großen MR-Automatisierungsanlagen. Als Leser werden Automatisierungstechniker und Informatiker angesprochen, die sich sowohl mit der Entwicklung als auch mit der Einsatzvorbereitung, insbesondere Projektierung, aber auch mit dem Betrieb solcher Anlagen befassen. Zur Einordnung seines Anliegens geht der Autor von seinen praktischen Erfahrungen im Automatisierungsanlagenbau aus und charakterisiert die hauptsächlichen Arbeitsprozesse. Behandelt werden die Erarbeitung von Grund- und Automatisierungskonzeption, Ausführungsprojektierung, Arbeitsschritte des Herstellungsprozesses sowie einige Aufgaben zu Betrieb und Instandhaltung. Darauf aufbauend werden vorzugsweise für die technische Vorbereitung und Realisierung verschiedenartige Verfahren und Mittel (organisatorische, wissenschaftliche und technische) beschrieben. Ausführlicher wird ein Verfahren behandelt zur Echtzeitverhaltensanalyse von MR-Einrichtungen und Datenübertragungssystemen auf Grundlage von Bedienungsmodellen. Verfahren und Mittel zur Zuverlässigkeitsanalyse sowie Maßnahmen zur Synthese fehlertoleranter MR-Automatisierungsanlagen vermitteln einen guten Einblick in die Problematik.
Mit diesem Band wird der interessierte Leser sehr effektiv in wesentliche Problemkreise großer MR-Automatisierungsanlagen eingeführt. Dabei werden vorzugsweise Lösungswege dargestellt, die aus wissenschaftlichen Arbeiten des Autors hervorgegangen sind.

Dr. Ulrich Engmann

Von der einfachen Logikschaltung zum Mikrorechner

von Joachim Matschke, 3., bearbeitete Auflage, VEB Verlag Technik Berlin, 1986, 232 Seiten, 20,– M

Das Buch wird vor allem Zuspruch bei all denen finden, die sich möglichst einfach und schnell in die Grundlagen digitaler Mikroelektronik, vor allem moderner Mikrorechner einarbeiten wollen – oder gar müssen.
Für die Entwicklung und funktionelle Gestaltung elektronischer Geräte sowie für die Entwicklung und Einführung automatisierter Prozesse mit Mikroprozessoren und Mikrorechnern müssen heute verschiedene Spezialisten herangezogen werden. Jeder benötigt die Mitarbeit der anderen. Dabei wird es volkswirtschaftlich immer notwendiger, zur effektiven Nutzung der neuen Technik Einblicke in die Funktionsweise des Mikroprozessors und Mikrorechners in größter Breite und in verstärktem Maße zu vermitteln.
Um aber möglichst viele ansprechen zu können, dürfen nur geringe Kenntnisse vorausgesetzt werden und ist das nötige Wissen möglichst einfach und didaktisch geschickt aufzubereiten.
Diesem großen Ziel wird das vorliegende Buch sehr sorgfältig und effektiv gerecht. Das Buch füllt die vorhandene Lücke zwischen Publikationen populärwissenschaftlichen, überblickverschaffenden Charakters und fachwissenschaftlichen, meist speziellen Veröffentlichungen.
Mit bewußt so klein wie möglich gehaltenem mathematischem Aufwand und ebenso bewußtem Übergehen auch oftmals wichtiger Einzelheiten erleichtert das Buch ein Eindringen in die Problematik.
Diese gewollte Selbstbeschränkung auf wesentliche Sachbezüge ist beispielhaft und in ihrer konsequenten Durchsetzung ein geschickt eingesetztes Mittel, effektives Einarbeiten in die Thematik zu unterstützen.
Der angesprochene Leserkreis wird das Buch zu Studienzwecken, insbesondere auch durch die das Wesentliche herausstellende typografische Gestaltung, mit Gewinn nutzen.
Der stürmischen Entwicklung der Mikroelektronik Rechnung tragend, liegt das Buch in dritter, überarbeiteter und um Wirkprinzipien neuer Generationen von Mikroprozessoren ergänzter Auflage vor.

Dr. Ingo Schreiber

Programmieren in PL/1

von Henning Schoch, Band 8 der Reihe Informatik – Kybernetik – Rechentechnik, Akademie-Verlag Berlin 1987, 2., berichtigte Auflage, 521 Seiten

Wenn auch heute, im Gegensatz zur Zeit vor etwa 5 bis 10 Jahren und mitbedingt durch den großen Aufschwung, den die Kleinrechentechnik erlebt, kaum mehr ein Absolvent einer Hoch- oder Fachschule während seines Studiums nenneswerte Informationen über die Programmiersprache PL1 erhalten hat, hat die Überarbeitung des Buches von Schoch und seine Neuherausgabe dennoch – oder gerade – seine Berechtigung. War doch diese Sprache insbesondere dazu geeignet, die verschiedenen bis dahin entstandenen Sprachen für technische und ökonomische Aufgabenstellungen zu einer Einheit zusammenzufassen. Die Tendenz, daß der Ingenieur in wachsendem Maße neben der Behandlung wissenschaftlich-technischer Aufgabenstellungen mit Fragen der Technologie und den auch dort zu bewältigenden großen Datenmengen befaßt wird, daß der Ökonom in zunehmendem Maße mathematische Methoden in die Behandlung seiner Prozesse einbeziehen muß, machten eine solche Sprache wünschenswert, die darüber hinaus auf die hardwareseitigen Gegebenheiten der ESER-Großrechnertechnik zugeschnitten ist. So hatte diese Sprache auch bald in diese Bereiche Eingang gefunden und wird auch noch eine Zeitlang dort ihre Bedeutung behalten. Es ist deshalb für alle dort Tätigen angenehm, über ein Buch zu verfügen, das von einem mit der Sprache Erfahrenen geschrieben wurde und in das er sich bei vorhandenen Grundkenntnissen über problemorientierte Programmiersprachen selbständig einarbeiten, das er als Begleitbuch für spezielle Programmierlehrgänge oder auch als Nachschlagewerk benutzen kann.
Es ist besonders zu begrüßen, daß die Neuauflage im Akademie-Verlag (die erste Auflage mit dem Titel „Programmierung in PL/1" umfaßte nur die Teilsprache Subset-PL/1 und war beim Teubner-Verlag Leipzig erschienen) die komplette Sprache darbietet. Diese Veränderung, bei der man die 15 Jahre zusätzlich gewonnener Erfahrung wohltuend spürt, kann als gut gelungen bezeichnet werden. Das Buch hat eine klare Gliederung und übersichtliche Darstellung des Textes, so daß man es gern liest. Das gut gegliederte Inhaltsverzeichnis und das ausführliche Register erleichtern das Auffinden spezieller Einzelheiten beträchtlich. 175 Übungsaufgaben, gegenüber der 1. Auflage erweitert und aktualisiert (mit Lösungen), erleichtern ein selbständiges Durcharbeiten des Buches. Aber auch der Kenner erhält durch die Aufgaben manche Anregung. In den wenigen die Programmierung unterstützenden Skizzen, insbesondere in dem Abschnitt über die Steuerung des Programmablaufs, wäre bei der Behandlung der Algorithmusgrundstrukturen die Verwendung von Struktogrammen anzuraten gewesen, zumal die Sprache PL1 in umfassender Weise eine strukturierte Programmierung zuläßt. Es hätten sich hierdurch manche Vorteile im Hinblick auf Gliederung, Testung und Änderung von Programmen noch klarer herausarbeiten lassen.
Begrüßenswert ist, daß nicht nur die Sprache PL1 vermittelt wird, sondern auch die erforderlichen Beziehungen zum Betriebssystem dargestellt sind, um ein Programm auf einer Rechenanlage zum Laufen zu bringen. Leider geschieht das – bei allem Verständnis, daß hier Einschränkung geboten ist – nur für den Stapelbetrieb. Die wachsende Bedeutung, die hier auch der Dialog mit dem Großrechner über Terminals erlangt, findet bedauerlicherweise keine Berücksichtigung.
Alles in allem ist ein Buch entstanden, das gegenüber der 1. Auflage erheblich gewonnen hat und das dem in der einschlägigen Praxis Tätigen nützlich werden wird.

Prof. Dr. Günter Bräuning

TERMINE

6. Fachtagung Standardisierung

WER? Fachverband Elektrotechnik in der Kammer der Technik, Kommission Standardisierung
WANN? 10. bis –11. November 1988
WO? Leipzig, Brühlzentrum
WAS?
– CAD, CAM, CAQ
– Probleme der Softwarestandardisierung in der DDR
– Lichtwellenleiter-Nachrichtenübertragung
– Mitarbeit der DDR im RGW, in der IEC, der ISO, internationalen Organisationen und Zertifizierungsorganen
– Informationen über erworbene Zertifikate mittels Messen, Ausstellungen, Kataloge, Verpackungen, Inserate, Betriebsanleitungen
WIE? Vorträge bis zum 15. Juni 1988 sowie Teilnahmemeldungen sind schriftlich an folgende Anschrift zu richten: Kammer der Technik, Präsidium, Fachverband Elektrotechnik, Clara-Zetkin-Str. 115/117, Berlin, 1086, Tel. 2202531, App. 216

Hoppe

Leipziger Frühjahrsmesse 1988

Ein hochqualifiziertes Angebot von Erzeugnissen aus 9 Branchenkomplexen der Investitionsgüter und 7 für Konsumgüter zeigten zur diesjährigen LFM rund 9000 Aussteller aller Kontinente. Im Blickpunkt des Technikangebotes stand das Thema „Integrierte Meß-, Prüf- und Regeltechnik – Weg zur Leistungssteigerung“, dem vorrangig auch das wissenschaftlich-technische Fachvortragsprogramm und das Internationale Messesymposium gewidmet war. In der auch für dieses Gebiet wichtigen Branche Informations- und Kommunikationstechnik hatten Hauptanteil am DDR-Ausstellungsprogramm die Kombinate Robotron, Mikroelektronik und Carl Zeiss JENA.
In diesem ersten Teil des Messeberichtes werden wir versuchen, einen Überblick über die wesentlichen Bauelemente der Computertechnik und die ausgestellten Computer zu geben; der zweite Teil in Heft 8/88 beinhaltet dann verschiedene Applikationen, lokale Netze und periphere Geräte.

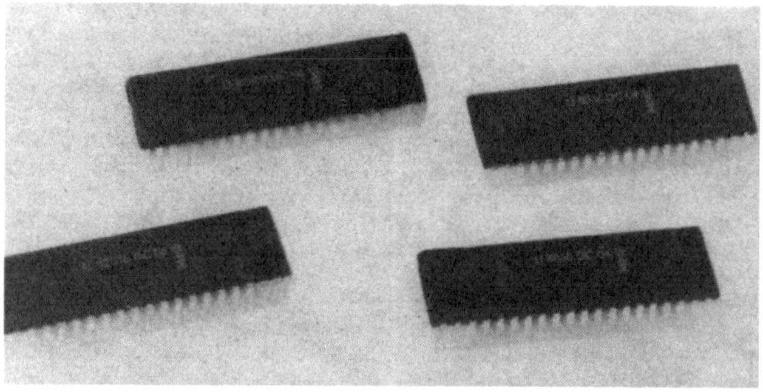

1

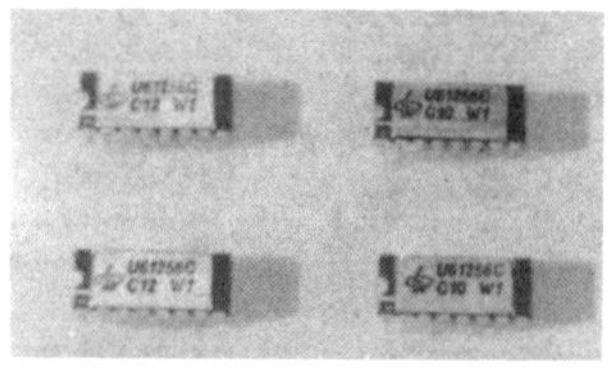

2

Fotos: Hemke, Weiß, Werkfotos

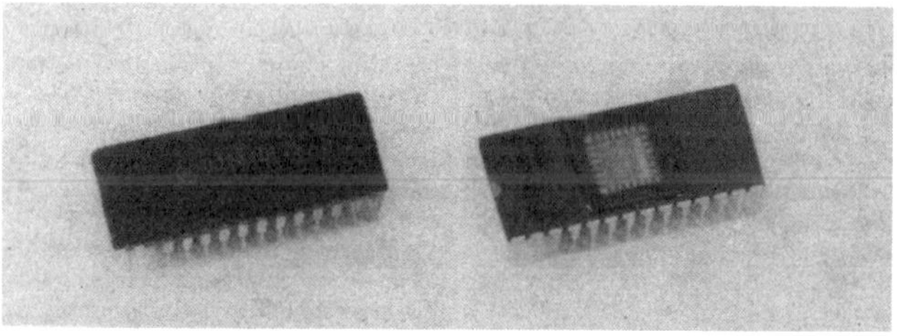

3

Bauelemente

• Mikroprozessorschaltkreise
Das Kombinat Mikroelektronik stellte für die 16-Bit-Systeme U 8000 und K 1810 WM86 die seriellen Interfacebausteine SCC **U 8030 DC 04** bzw. **U 82530 DC 06** sowie die kombinierten Bausteine mit Zähler/Zeitgeber und parallelem E/A-Port CIO **U 8036 DC 04** bzw. **U 82536 DC 06** im 40poligen Dual-in-Line-Duroplastgehäuse vor (Bild 1). Da die Schaltkreise U 82530 und U 82536 über einen nicht gemultiplexten Datenbus verfügen, sind sie auch für den Einsatz in den Mikroprozessorsystemen U 880 und I 8080 geeignet. Der SCC (Serial Communications Controller) besitzt zwei unabhängige serielle Vollduplex-Kanäle mit einer Übertragungsgeschwindigkeit von 0 bis 1 MBaud und mit zwei separaten Taktgeneratoren. Die CIO (Counter/Timer and Parallel I/O Unit) verfügt über zwei unabhängige, zweifach gepufferte, bidirektionale 8-Bit-Ports und ein 4-Bit-Spezialport. Programmierbar sind hierbei u. a. die Polarität, die Richtung (Bitmode) und die Ausgänge als open drain. Zwischen 4 Handshake-Modes, u. a. 3-Wire-Mode (für IEC-625-Bus), kann gewählt werden. Weiterhin beinhaltet die CIO drei unabhängige 16-Bit-Zähler/Zeitgeber mit programmierbarer Ausgangssignalform und Retriggerbarkeit. Die Schaltkreise U 8030 und U 8036 sind zum Z 8030 bzw. Z 8036 kompatibel, während die Kompatibilität des Schaltkreises U 82530 zum I 82530 sowie des Schaltkreises U 82536 zum I 82536 gegeben ist.
Für die Ansteuerung von maximal 4 Floppy-Disk-Laufwerken mit 8"- bzw. 5 1/4"-Disketten dienen die Floppy-Disk-Controller **U 8272 D 08** (8-MHz-Takt) bzw. **U 8272 D 04** (4-MHz-Takt). Zu diesen für die Mikroprozessorsysteme U 880, K 1810 WM86 und I 8080 A geeigneten Controllern finden Sie weitere Angaben in MP 4/88 sowie in diesem Heft.
Neu vom Kombinat Mikroelektronik waren weiterhin die 8-Bit-A/D-Wandler **C 670 C** und **C 670 Cn**. Sie arbeiten nach dem Prinzip der sukzessiven Approximation mit einer Umsetzzeit von 25 μs und einer Genauigkeit von 1 LSB bzw. 1/2 LSB. Diese A/D-Wandler-Schaltkreise beinhalten eine Referenzspannungsquelle, einen Taktgenerator sowie einen Enableeingang für die Tri-state-Ausgänge.
Folgende D/A- bzw. A/D-Wandler wurden erstmals in einem Keramikgehäuse vorgestellt:

C 560 C (D/A; 8 Bit)
C 565 C (D/A; 12 Bit)
C 5650 C (D/A; 10 Bit)
C 570 C (A/D; 8 Bit)
C 571 C (A/D; 10 Bit)
C 574 C (A/D; 12 Bit).

• dynamische RAM-Schaltkreise
Das Kombinat Carl Zeiss JENA stellte als Neuheit den 256 K x 1 Bit organisierten RAM in 1,5 μm-CMOS-Technologie **U 61256** (Bild 2) in den Geschwindigkeitsklassen 80 (z. B. U 61256 DC 08), 100, 120 und 150 ns sowie im Duroplast- und im Keramikgehäuse vor. Durch die Betriebsarten *statischer Seitenzugriff* und *schneller Page-Mode* ist ein hoher Datendurchsatz möglich. Das Kombinat Keramische Werke Hermsdorf bot einen hybriden 1-MBit-DRAM gleich in drei verschiedenen Versionen an. Der **4734** ist ein 128-KByte-Schaltkreis im 34poligen DIL-Gehäuse (Reihenabstand: 37,5 mm; Höhe: 4 mm) mit 16 Chips des NMOS-RAM U 2164 und einer Zugriffszeit von 260 ns. Die Schaltkreise **4735** und **4736** sind 256 K × 4 Bit und 1 M × 1 Bit organisiert, befinden sich in einem 22poligen SIL-Gehäuse (Höhe: 12 mm; Breite: 5,5 mm) und vereinen 4 Chips des CMOS-RAM U 61256. Die Zugriffszeit beider Schaltkreise beträgt 155 ns.
Weitere Hybridspeicher sind der **8580** mit 64 KByte, 32poligem DIL-Hermetikgehäuse (Reihenabstand: 22,5 mm; Höhe: 8 mm), 8 Chips U 2164 und einer Zugriffszeit von 260 ns sowie der 4720X mit 64 K × 9 Bit, 32poligem SIL-Gehäuse (Höhe: 20 mm; Breite: 5,5 mm), 9 Chips U 2164 und einer Zugriffszeit von 260 ns (**47201**) bzw. 200 ns (**47202**).

• statische RAM-Schaltkreise
Neue statische CMOS-RAMs zeigte das Kombinat Carl Zeiss JENA. Der Schaltkreis **U 6264 DG** mit 8 KByte Speicherkapazität wurde mit Zugriffszeiten von 50 (U 6264 DG 05), 70 sowie 100 ns angeboten. Er ermöglicht Schlafbetrieb (power down) und ist pinkompatibel zum EPROM U 2764 C.
Mit einer Speicherkapazität von 2 KByte waren der **U 6516 DG 15** (maximale Zugriffszeit: 150 ns; maximale Schlafstromaufnahme: 100 μA), der **UL 6516 DG 15** (150 ns; 10 μA) sowie der **UL 6516 DG 25** (250 ns; 10 μA) vertreten. Sie besitzen einen Adreßlatch (sind deshalb nicht statisch betreibbar) und sind pinkompatibel zum EPROM U 2716 C.
Das Kombinat Keramische Werke Hermsdorf stellte den Hybridschaltkreis 8563X mit 4 KByte Speicherkapazität im 24poligen DIL-Hermetikgehäuse (Reihenabstand: 22,5 mm; Höhe: 8 mm) vor. Er vereint 8 Chips der Schaltkreisfamilie U 224. Der Schaltkreis **85631** beinhaltet die Chips US 224 X 20, hat eine Schlafstromaufnahme von 24 μA und eine Zugriffszeit von 210 ns. Die Schaltkreise **85632** und **85633** beinhalten Chips des UL 224 X 30 (240 μA; 310 ns) bzw. UL 224 X 35 (240 μA; 360 ns).

• PROM-Schaltkreise
Im Angebot des Kombinates Mikroelektronik befanden sich der 8-KByte-EPROM **U 2764 CC** im 28poligen Keramikgehäuse und seine PROM-Version **U 2664 DC** im Duroplastgehäuse (Bild 3). Diese NMOS-Schaltkreise können mit Zugriffszeiten von 250 (z. B. U 2764 CC 25), 350 und 450 ns geliefert werden.

Computertechnik

Die wachsende Bedeutung dieses Bereiches war auch auf der diesjährigen Leipziger Frühjahrsmesse deutlich zu erkennen: sei es als Mittel zur Rationalisierung von Leitung und Planung oder zur Lenkung der Produktion bis hin zur unmittelbaren Steuerung der Maschinen.
Um dem Leser den Überblick über die Vielfalt der angebotenen Computer etwas zu erleichtern, wollen wir im folgenden eine gewisse Klassifizierung vornehmen. Es muß jedoch darauf hingewiesen werden, daß es keine verbindliche Definition dafür gibt und sich die Grenzen – vor allem durch den technischen Fortschritt bedingt – ständig verschieben. Leistungen früherer Minirechner im Schrankformat werden heute oft von Auf- oder Untertisch-Arbeitsplatzcomputern erzielt; deren frühere Leistungen heute oft schon von Personalcomputern. Wenn man als einen Vergleichsparameter beispielsweise die Operationsgeschwindigkeit betrachtet, so erreichen die modernen PCs auf Basis des I 80386 heute mit bis zu vier MIPS (Millionen Instruktionen pro Sekunde) Geschwindigkeiten, die vor kurzem noch sogenannten Workstations, das heißt speziellen Ingenieurarbeitsplätzen vor allem für CAD-Aufgaben und meist mit Motorola-Prozessoren, vorbehalten waren. Diese wiederum sto-

ßen bereits in Bereiche von 9 und 10 MIPS vor. Dazu kommen die rasante Entwicklung der Speichertechnik, veränderte Architekturen und ein wachsendes Softwareangebot, die die Leistungen jeder Computerklasse ständig nach oben erweitern.

• Minicomputer

Schwerpunkt der Robotron-Exposition war zweifellos der 32-Bit-Rechner mit virtuellem Speicher (RVS) mit der Robotron-Bezeichnung Superminicomputer **K 1840** (Farbbild 1; alle Farbbilder siehe 2. Umschlagseite). Mit diesem Rechner werden die Leistungsgrenzen zu den kleinen ESER-Modellen erreicht bzw. hinsichtlich der Operationsgeschwindigkeit (1,1 Mio Op/s) sogar überschritten. Weitere Merkmale sind der Hauptspeicher mit 2 bis 16 MByte (auf der LFM mit 8 MByte ausgestattet), ein virtueller Adreßraum bis 4 GByte, bei Datenübertragungsraten von 2 MByte/s eine externe Speicherkapazität von max. 3 GByte und die Fähigkeit, mit dem K 1840 leistungsfähige Mehrnutzersysteme aufzubauen. Dazu dienen für echtzeitorientierte Aufgaben das Hauptbetriebssystem SVP 1800 und für interaktiven Teilnehmerbetrieb MUTOS 1800 (UNIX-kompatibel). Für den Aufbau lokaler und globaler Netze mit 8- und 16-Bit-PCs sind Netzroutinen vorhanden. Der K 1840 ermöglicht somit den Aufbau effektiver Komponenten für eine rechnerintegrierte Fertigung und für hohe Rationalisierungseffekte in den Bereichen CAD/CAM, CAQ (Qualitätssicherung) und CAP (Arbeitsplanung). In einer der nächsten MP-Ausgaben werden wir den K 1840 ausführlicher beschreiben.

Ebenfalls einen 32-Bit-Minirechner präsentierte die bulgarische Hanelsorganisation Isotimpex mit dem **ISOT 1055C** (Farbbild 2), der seit 1986 produziert wird. Er ist kompatibel zur VAX 11/730, hat einen Hauptspeicher von 5 MByte und einen virtuellen Adreßraum von 16 GByte. Das Plattenspeichersubsystem besteht aus dem Controller und zwei Plattenspeichern CM 5416 mit je 200 MByte. Als Betriebssystem wird MOS VP verwendet. In Leipzig war der ISOT 1055C zur Darstellung der Leistungsfähigkeit im CAD-Bereich mit der Grafikstation ISOT 1040C gekoppelt, deren Grafikprozessor ebenso wie der Prozessor des ISOT 1055C auf der Bit-Slice-Prozessor-Schaltkreisfamilie Am 2900 basiert. An die Grafikstation können zwei Arbeitsplätze mit einem Monitor hoher Auflösung (1024 × 1024 Pixel) und einer 60-Hz-Bildfrequenz (vertikal) angeschlossen werden.

Mit dem **ISOT 1054** zeigte Isotimpex einen weiteren Minirechner, basierend auf der 16-Bit-Prozessorfamilie M 16–3. Der Rechner ist vor allem für Echtzeitaufgaben vorgesehen, das entsprechende Betriebssystem ist das DOS RV–B Vers. 4 (RSX 11). Ein Programmpaket für Netzarbeit, SET 3, ermöglicht, im Rechnerverbund mit bis zu 16 Terminals zu arbeiten.

Die Kiewer Produktionsvereinigung Elektronmasch offerierte die Weiterentwicklung des 16-Bit-Minirechners CM 1800, den **CM 1810** (Farbbild 3). Gegenüber dem Vorgänger mit KR 5801-K80A-Schaltkreis besitzt der CM 1910 den Mikroprozessor K 1810 WM86 und erreicht damit eine Verarbeitungsgeschwindigkeit von 2 Millionen Op/s. Die Arbeitsspeicherkapazität beträgt 256 KByte, kann aber auf 1, 2, 3 oder 4 MByte ausgebaut werden. Der ROM läßt sich von 8 KByte auf 32 KByte erweitern. Als externe Speicher werden Floppy-Disks (CM 5640) mit 320 KByte, Zweiplatten-Wechselkassetten (CM 5408) mit 16 MByte und Festplatten (CM 5505) mit 20 MByte verwendet. Interessant ist beim CM 1810 die Variabilität hinsichtlich der äußeren Gestaltung. Die Anlage kann nämlich neben der im Bild gezeigten Schrankvariante auch als Auftisch- oder Untertischversion geliefert werden.

Erstmals in Leipzig gezeigt wurde vom tschechoslowakischen Außenhandelsunternehmen KOVO das 16-Bit-Mikrorechnersystem **M 16–22**, eine Version des Rechners CM 50/50 in Schrankausführung. Für viele Anwender wird es als Ablösung für die Anlagen CM 4/20 oder CM 52/11 von Interesse sein. Das Haupteinsatzgebiet wird in SKR-Netzen (unter Ethernet) und in der Prozeßsteuerung liegen. Der 0,5-MByte-Hauptspeicher ist auf 2 MByte erweitert; als Betriebssystem wird das DOS RV V3 verwendet, das Echtzeitbetrieb unterstützt.

Mit dem rumänischen Minirechner I 100 starteten die ICE-FELIX-Werke vor elf Jahren eine auch bei vielen DDR-Nutzern bekannte Entwicklung, die sich über den I 102 F fortsetzte und zur neuesten Version, der **I 106** (Farbbild 4) führte. Hauptmerkmal dieser auch in Bit-slice-Technik (von AMD) realisierten Anlage ist die Erweiterung des Hauptspeichers auf 4 MByte. Die bei den Vorgängern auf sieben Leiterkarten untergebrachte CPU beansprucht jetzt nur noch zwei Platinen.

Das Echtzeit-Multiprogramming-Betriebssystem MIC-PLUS besitzt volle Kompatibilität zum RSX–11 M PLUS V 2.1 und DECNET–11 PLUS V 1.1.

• Mikrocomputer

Dieser recht umfangreichen Klasse lassen sich sowohl transportable Computer zuordnen – zum Beispiel der EPSON PX 16, dessen interessantes Modulkonzept wir in unserem Heft 9 vorstellen werden, als auch die zahlreichen Büro- und Personalcomputer bis hin zum leistungsfähigen Ingenieurarbeitsplatz, beispielsweise der Workstation HP 9000.

Zunächst aber ein Wort zu den sogenannten Komponenten (siehe auch 3. und 4. Umschlagseite): Obwohl der von der Firma IBM 1981 herausgebrachte PC nicht der erste und auch nicht der leistungsstärkste seiner Klasse war, haben unter den Bedingungen des Marktes international zahlreiche Hersteller diesem Konzept mit eigenen – kompatiblen – Produkten Rechnung getragen, so daß schließlich aufgrund seiner Verbreitung der PC bzw. Kompatible und mit ihnen das Betriebssystem PC–DOS bzw. MS–DOS zum inoffiziellen Standard wurden. (Das führte sogar dazu, daß der eigentlich für eine Computerklasse geschaffene Begriff Personal Computer = Computer zur persönlichen Benutzung oft als Synonym für IBM-PC bzw. IBM-PC-kompatibel verwendet wird.) Dieser Trend erhielt noch Auftrieb durch die technische Weiterentwicklung des PC zum PC XT 1983 und zum PC AT im Jahre 1984 (AT = Advanced Technology), deutlich sichtbar auf den internationalen Messen.

Auf der LFM'88 hielt sich das Angebot von XT- und AT-Kompatiblen etwa die Waage. Die AT-Modelle bieten vor allem den Vorteil höherer Verarbeitungsgeschwindigkeit durch den Prozessor 80 286, der gegenüber dem 8088 nicht nur eine höhere Taktfrequenz besitzt, sondern bestimmte Aufgaben auch mit weniger Taktzyklen erledigt. Für viele CAD-Anwendungen oder Desktop Publishing haben ATs daher bessere Voraussetzungen. Allerdings lassen sich auch XTs durch Umrüsten mit 80 286-Prozessorkarten später prinzipiell auf AT-Niveau heben, mit einer 80 386-Prozessorkarte sogar auf 32-Bit-Niveau. Solche und „echte" 32-Bit-PCs wurden auf der LFM außer von der polnischen Firma ZIPO zwar von keinem Aussteller angeboten, waren aber bei mehreren im Lieferprogramm. (Über das Systemangebot von ZIPO und andere PC-Applikationen werden wir in MP 8/88 berichten).

International umstritten ist noch, ob bzw. wann sich das von IBM 1987 vorgestellte Personal System PS/2 zur Ablösung der PC-Modelle wiederum als Standard durchsetzen wird. (Über das PS/2 berichteten wir im Überblick bereits in MP 8/87.) In Leipzig waren die Modelle 30, 50 und 60 zu sehen. Die Firma Risto (bzw. Böwe Systemvertrieb GmbH) zeigte die Modelle 30 und 60 in Verbindung mit gelungenen Bildschirm-Arbeitsplätzen vor allem für CAD/CAM-Anwender. Das Modell 30 (Farbbild 5) mit 8086-Prozessor (8 MHz) ist als Einstiegsmodell in das PS/2 gedacht, auf dem unter PC DOS 3.3 die auf herkömmlichen PCs erstellte Anwendersoftware abgearbeitet werden kann. Hinderlich ist allerdings, daß alle PS/2-Modelle nur über 3 1/2-Zoll-Diskettenlaufwerke verfügen; 5 1/4-Zoll-Laufwerke müssen extern betrieben werden. Die Hauptspeicherkapazität beträgt 640 KByte bis 2,6 MByte, die Kapazität der Diskette 720 KByte, die der Festplatte 20 MByte.

Das Modell 50 (Farbbild 6), neben dem Modell 30 und Modell 60 von der österreichischen Vertriebsfirma IBM ROECE gezeigt, besitzt als leistungsstärkeres Gerät den 80 286-Prozessor mit 10 MHz und – im Gegensatz zum Modell 30 – bereits die neue Micro-Channel-Architektur, die einen bedeutend schnelleren Datentransfer ermöglichen soll. Weitere Daten: 1 bis 7 MByte Hauptspeicher, 3,5-Zoll-Floppylaufwerk mit 1,44 MByte, 20-MByte-Festplatte (80 ms Zugriffszeit). Als Standmodell ausgeführt ist das Modell 60 (Farbbild 7), das sich vor allem durch größere Speicherkapazität und mehr Erweiterungsmöglichkeiten auszeichnet. So läßt sich der Hauptspeicher bis zu 15 MByte aufrüsten, die Festplattenkapazität auf 70 MByte bei einer Zugriffszeit von 30 ms. Auch hier kommt der 80 286-Prozessor mit 10 MHz zum Einsatz. Wie das Modell 30, so können auch die Modelle 50 und 60 unter PC DOS 3.3 betrieben werden, letztere zusätzlich jedoch auch unter dem neuen Betriebssystem OS/2. Damit lassen sich nun auch die Multitasking-Eigenschaften des 80 286 in der geschützten Betriebsart (protected mode) nutzen. Das OS/2 ist Teil der IBM-System-Applikations-Architektur (SAA), einem Katalog von Regeln und Konventionen, deren Einhaltung es erlaubt, Anwendungsprogramme vom System /370 über die System /3X-Familie bis zu den PCs einsetzen zu können. Das leistungsstärkste Gerät des PS/2, das Modell 80 mit 32-Bit-Prozessor 80 386, war in Leipzig nicht ausgestellt.

Das sowjetische Außenhandelsunternehmen Elektronintrog zeigte mehrere Mikrocomputer, von denen vor allem der **MC 0104** in Tower-Ausführung bemerkenswert war (Farbbild 8). Er ist als Ingenieurarbeitsplatz vor allem für Echtzeitaufgaben und Multiuserbetrieb vorgesehen, wobei das Multifunktions-Betriebssystem MOS 32 M zum Einsatz kommt. Der 32-Bit-Mikroprozessor in VLSI-Technik KM 1807 WM2 erlaubt eine Rechengeschwindigkeit von 0,1 MIPS. Weitere Merkmale sind eine RAM-Größe von 1,5 MByte, ein physischer Adreßraum von 4 MByte, ein virtueller Adreßraum von 4 GByte. Als externe Speicher sollen 2 Diskettenlaufwerke mit je 800 KByte und eine Harddisk mit 20 bis 70 MByte eingesetzt werden können. Der Farbgrafikbildschirm Elektronika MS 7105 besitzt eine Auflösung von 512 × 560 Punkten.

Der ebenfalls gezeigte **MC 0507.04** (Farbbild 9) ist ein 16-Bit-PC mit etwa 0,1 MIPS, einem RAM von 1 MByte und insgesamt etwa 6 MByte Externspeicherkapazität. Als Zentralprozessor wird der KM 1801 WM3 verwendet, als Gleitkommaarithmetikprozessor der KM 1801 WM4.

Schließlich war im Angebot von Elektronintorg noch der Personalcomputer **Elektronika 85 (MC 0585)** zu sehen (Farbbild 10).

Er basiert auf 16-Bit-Mikroprozessoren der LSI-Schaltkreisserie 1811.

Der RAM beträgt 512 KByte, der ROM 16 KByte, der Adreßraum 4 MByte. Als Verarbeitungsgeschwindigkeit wurden 0,6 MIPS angegeben.

Der Elektronika 85 besitzt 2 Diskettenlaufwerke mit je 800 KByte und eine Harddisk mit 10 MByte. Der Farbmonitor hat eine Auflösung von 512 × 560 Punkten. Als Betriebssysteme sind PROS und FODOS/RAFOS vorhanden; es besteht Programmkompatibilität zu den Rechnern CM 4, CM 5, Elektronika 79 sowie EL-KA 60 und MC 1212. Über einen Adapter soll sich IBM-Kompatibilität erreichen lassen.

Hewlett Packard, seit vielen Jahren auf der Leipziger Messe vertreten, stellte diesmal das **Modell 310** der 9000er Serie aus (Farbbild 11). Die Basis dieser Workstation ist der Prozessor Motorola MC 68 010, der über eine interne 32-Bit-Architektur und externe 16- bzw. 24-Bit-Daten- bzw. Adreßbusse verfügt, mit 10 MHz getaktet ist und mit 0 Wait states arbeitet. Der vorhandene 1-MByte-RAM läßt sich auf 7,5 MByte aufrüsten; der virtuelle Speicherraum beträgt 16 MByte. Mit diesen Merkmalen können die Modelle der Serie 9000 vor allem für anspruchsvolle Ingenieurarbeiten verwendet werden. Dazu trägt eine leistungsfähige grafische Peripherie und die entsprechende Software bei. Das Standard-Betriebssystem ist das multi-tasking/multi-user-Betriebssystem HP–UX (eine Implementation des UNIX V.2); bei Einsatz eines Koprozessors ist jedoch auch die Arbeit unter DOS möglich.

Hans Weiß/Herbert Hemke

v. l. n. r.

EC 1841 *UdSSR*
XT-kompatibel · K-1810WM86-Prozessor (8086) · K-1810WM87-Koprozessor (8087) · 512 bis 640 KByte RAM · 720 MByte Floppy · 20 MByte Festplatte

Siemens PCD-2 *BRD*
AT-kompatibel · 80286-Prozessor mit 6/8 MHz · 512 KByte RAM · 720 KByte/1,2 MByte Floppy · 20/40 MByte Festplatte

ENSCH Entec 160 *Luxemburg*
XT-kompatibel · 8088-Prozessor mit 4,77/8 MHz · 640 KByte RAM · 360 KByte Floppy · 20 MByte Festplatte

ALR DART *Singapur*
AT-kompatibel · 80286-Prozessor mit 8/10 MHz · optional 80287-Koprozessor · 1 bis 2 MByte RAM · bis 1,2 MByte Floppy · 20 MByte Festplatte

EPSON PC AX 2 *Japan*
AT-kompatibel · 80286-Prozessor mit 8/10 MHz · 640 KByte bis 16 MByte RAM · 1,2 MByte Floppy · 20/40 MByte Festplatte

Commodore PC 1 *USA*
XT-kompatibel · 8088-Prozessor mit 4,77 MHz · 512 bis 640 KByte RAM · 360 KByte Floppy

PP 06 *ČSSR*
XT-kompatibel · 8088-Prozessor · 8087-Koprozessor · 256 bis 640 KByte RAM · 250 KByte Floppy · 20 MByte Festplatte

Iskra Partner AT *Jugoslawien*
AT-kompatibel · 80286-Prozessor mit 6/8 MHz · 1 MByte RAM · 1,2 MByte Floppy · 20/40 MByte Festplatte · optional 20 MByte Streamer

Elwro 801 AT *Polen*
AT-kompatibel · 80286-Prozessor mit 6/8 MHz · 512 bis 2 MByte RAM · 360 KByte bis 1,2 MByte Floppy · 20 MByte Festplatte

Atari PC 2 *USA*
XT-kompatibel · 8088/2-Prozessor mit 4,77/8 MHz · 512 bis 640 KByte RAM · 360 KByte Floppy · 30 MByte Festplatte

Mazovia *Polen*
XT-kompatibel · 8086-Prozessor · 8087-Koprozessor · 256 bis 640 KByte RAM · 360 KByte Floppy · 10/30 MByte Festplatte

ISSN 0232-2892
Mikroprozessortechnik, Berlin 2 (1988) 7
S. 193–224

VT 160 — Ungarn 1
AT-kompatibel · 80286-Prozessor · 640 KByte bis 2 MByte RAM · 1,2 MByte Floppy · 20/40 MByte Festplatte

EC 1838 — Bulgarien 2
AT-kompatibel · 80286-Prozessor mit 8/10 MHz · 80287-Koprozessor · 640 KByte bis 3 MByte · 1,2 MByte Floppy · 10/20 MByte Festplatte

Kompatible im Überblick

Wie alle großen internationalen Industriemessen, so ließ auch die Leipziger Frühjahrsmesse dieses Jahres einen der gegenwärtigen Trends im Computerbereich erkennen. Die Kompatiblen sind im Kommen. Nie zuvor waren in Leipzig so viele Aussteller mit Geräten dieser Computerklasse vertreten. Gemeint sind damit die Personalcomputer, die den PCs der Firma IBM mehr oder weniger ähneln. Die Kompatibilität – sprich Verträglichkeit – reicht dabei von MS-DOS-Kompatibilität, also der Möglichkeit, das De-Facto-Standard-Betriebssystem für Einplatzsysteme im 16-Bit-Bereich nutzen zu können, bis zur Steckkarten- also Hardware-Kompatibilität. Die angebotenen PCs verschiedener Hersteller haben demnach alle ihre Spezifika, auf die im Rahmen unseres Messeberichtes in diesem Heft kaum eingegangen werden kann. Die beiden letzten Umschlagseiten machen dennoch deutlich, wie sich das Konzept einer Computerklasse innerhalb weniger Jahre weltweit durchgesetzt hat.

POC 286 — Taiwan 4
AT-kompatibel · 80286-Prozessor mit 16 MHz · 1,2 MByte Floppy · 40 MByte Festplatte

EC 1834 — DDR 3
XT-kompatibel · K-1810WM86-Prozessor (8086) · 156 bis 640 KByte RAM · 320/720 KByte Floppy · 30/50 MByte Festplatte

Bei Fragen zur Produktsicherheit wenden Sie sich bitte an:
If you have any questions regarding product safety,
please contact:

Walter de Gruyter GmbH
Genthiner Straße 13
10785 Berlin
productsafety@degruyterbrill.com